面粉 水 盐 酵母

[美] 肯·福克斯 / 著

马志文 / 译

北京科学技术出版社

著作权合同登记号　图字：01-2022-2133

图书在版编目（CIP）数据

面粉　水　盐　酵母 /（美）肯·福克斯著；马志文译. —北京：北京科学技术出版社，2022.9（2025.1重印）
书名原文：Flour Water Salt Yeast
ISBN 978-7-5714-2298-1

Ⅰ.①面… Ⅱ.①肯… ②马… Ⅲ.①面包－烘焙 Ⅳ.① TS213.2

中国版本图书馆 CIP 数据核字（2022）第 077172 号

策划编辑：张晓燕
责任编辑：张　芳
责任校对：贾　荣
图文制作：天露霖文化
责任印制：张　良
出 版 人：曾庆宇
出版发行：北京科学技术出版社
社　　址：北京西直门南大街 16 号
邮政编码：100035
ISBN 978-7-5714-2298-1

电　　话：0086-10-66135495（总编室）
　　　　　0086-10-66113227（发行部）
网　　址：www.bkydw.cn
印　　刷：北京宝隆世纪印刷有限公司
开　　本：720 mm × 1000 mm　1/16
字　　数：273 千字
印　　张：17
版　　次：2022 年 9 月第 1 版
印　　次：2025 年 1 月第 7 次印刷

定　　价：98.00 元

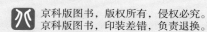

FLOUR
WATER
SALT
YEAST

目　录

前　言

　　我在俄勒冈州波特兰开的肯的手工面包房距今已经有 500 年了。当然，我在这里所说的"年"指的是"烘焙年"。事实上，我的面包房是 2001 年开业的。那一年，我辞去了从事近 20 年的工作来开创一项真正属于我的、无比自由并让我无限热爱的事业。在我做出这个有风险的决定之前，我并不知道这将意味着什么，我只是想掌握一门技艺，真正靠自己的实力成就一番事业。虽然我有如此强烈的愿望，但是我并不知道究竟应该先做什么。多年以来，我一直都在等待灵感闪现为我指引一条值得我去尝试的道路。后来，在 20 世纪 90 年代中期，我的好友给了我一本杂志，里面的一篇关于巴黎著名烘焙师莱昂内尔·普瓦拉纳的文章给了我长期以来一直在寻找的灵感。在那之后不久，我便经常去巴黎，并深深地被我参观的那些真正的、传统意义上的面包房所打动。几年之后，我逐渐有了一些自己的见解，并且产生了一个听起来十分天真的想法——在美国开一家法式面包房。我希望能够从种类和品质两方面重现法国传统面包房中的经典面包（如法棍、布里欧修、可颂）和特别的小甜点。

　　与单纯地换工作相比，我的职业生涯的转变更像《蟾蜍先生疯狂大冒险》（*Mr Toad's Wild Ride*）。也许你会说，我的做法应了那句古老的谚语"愿你生活在多彩时代"（反语，意为"愿你在生活中经历更多的麻烦"——编者注）。然而，我的经历也恰恰证明了我对烘焙的热爱。我认为，烘焙不只是浪漫的事，还要付出很多努力。专业烘焙师的经历一定是先苦后甜的。面包的香气、组织以及外形给了我极大的精神享受，我获得的所有成绩都激励着我不断前进。

1

关于本书

在波特兰开面包房的前两年，我有幸与美国许多杰出的烘焙师以及法国的两名烘焙师共同学习、工作。在我所接受的专业烘焙培训中，让我印象最深的便是学到的一些知识——例如，如何运用长时间发酵、预发酵、浸泡等方法以及如何进行温度管理——我以前读过的面包书中都没有介绍这些知识。后来，我又读了一些讲述这些知识细节的书，比如雷蒙德·卡尔韦尔和米歇尔·苏亚斯的著作，但是这些著作针对的是专业烘焙师。我坚信，我所学到的这些知识也应该适合家庭烘焙爱好者。

在面包房开张后的几年内，我出版了3本畅销烘焙书。然而，我始终关注手工面包房的面包制作技巧以及如何将这些技巧应用到家庭烘焙中。于是，我想写这样一本书——在这本书中我并不想简单地降低这些技巧的难度，因为这些内容对非专业烘焙者来说并不难理解。我想打破几乎每一本面包烘焙书中都有的流行模式（至少是

最近那些面包烘焙书中的模式）：每一个配方都提到的仅需 1 ~ 2 小时的发酵时间。除此之外，我还想向大家介绍如何只用 4 种基本原料——面粉、水、盐和酵母制作出好吃的面包。

我也知道如何在家使用以下 3 种基本面团中的任何一种来制作优质面包：直接面团、酵头面团和天然酵种面团（用全麦面粉和水进行为期 5 天的喂养来制作天然酵种）。

为了能够准确使用本书中提供的配方，按照它的步骤来制作面包，我建议你使用便宜的厨房电子秤来称量原料，厨房电子秤还可以帮助你理解烘焙过程。手工制作面包最基本的原则之一就是用秤来称量原料，而不是用量杯或者量勺来量取原料。（不要担心，我将为大家做好单位换算。）虽然每一个配方都标注了原料的体积，但是用量体积的方法不够精确（在本书第二章中我将说明原因），而且这些用量也仅适用于本书中的配方，你还是要买一台厨房电子秤。

我撰写本书的目的有两个：第一，我想唤起大家对烘焙的关注，所以本书的读者范围很广。初学者可以尝试入门阶段的配方，如可以在读过本书第四章"面包制作的基本方法"后制作周六面包（第 85 和 89 页）。等你对制作这些面包所需的

时间安排和技术比较熟悉了,你就可以尝试下一阶段的配方了,如提前一晚制作酵头。等你掌握了使用波兰酵头和意式酵头制作面团的方法,你就可以尝试喂养天然酵种了,还能享受到用天然酵种制作面包面团和比萨面团的乐趣。当你掌握了本书中的所有方法后,你在家制作的面包和那不勒斯比萨可以媲美世界上任何顶级面包房的产品。

第二,本书也为那些经验丰富的烘焙师提供制作面团的其他方法以及制作口感好的天然酵种面包的其他简单方法(或仅仅是不同的方法)。本书的所有配方都要求手工和面,这也算是一个独特之处。对我而言,面包烘焙中最独特也最重要的方面就是面团的触感。当要求用手和面时,手也被看作一种工具。用手和面比用和面机和面更简单、更高效,而且你能体会到揉面团的感觉。在过去的几千年中,人们都是用手和面的。如果我们的祖先能这样做,我们当然也能这样做。如果你之前没有这样做过,我希望你能像我一样从和面的过程中得到快乐,并且感受到与烘焙有关的历史。

基础知识和方法

当你阅读本书的配方时,你会发现它们在许多方面很相似。所有的面包面团和比萨面团都需要1000克面粉,只是在水和盐的用量上有少许差别。虽然各个配方所用到的面粉种类不同,但是最主要的差别还是面团的发酵方法和发酵时间。哪怕你所使用的是非常相似的配方,但是通过不同的方法可以制作出不同的面包。原料表可以帮助你了解原料之间的关系。从本质上讲,原料表就是烘焙百分比表。另外你也会注意到,原料在表格中并不是按使用顺序排列的,面粉、水、盐和酵母总是按重量递减的顺序排列,这样方便你一目了然地比较各个配方。

本书中所有的面团都用相同的方法和面、折叠、整形以及烘焙,所以从一种发酵方法过渡到另一种发酵方法也很简单。当我研发每一个配方时,我认为你掌握了我的制作方法,本书中所有的配方对你来说就将变得简单,针对不同的配方你并不需要学习新方法。

无论你是新手还是阅读过许多烘焙书的老手,本书对你来说都大有帮助,书中将介绍如何用我们在肯的手工面包房中所用的方法在家中制作高品质的面包。如果你只是一名初学者,不会用本书介绍的工具和方法,也没有关系!制订一个计划(可能需要准备一些新工具，在接下来制作面包的过程中你会经常用到它们），你就已经走在制作专业水平的面包的路上了。

烘焙的时间安排

优质面包需要充足的时间来产生香味，时间将为你做绝大多数工作。当你睡觉的时候，美妙的香味就产生了。对专业烘焙师来讲，时间管理是非常关键的，它同样适用于家庭烘焙。但是，简单的时间表（如在傍晚和面，发酵一整夜，然后在早晨整形，随后烘焙）对你来说也许并没有太大的作用。所以在本书中，我将介绍可以灵活安排时间的配方，并且每个配方都需要较长的发酵时间，这样你就可以利用这段时间来做其他工作了。你可以早晨和面，晚上烘焙；也可以傍晚和面，第二天午餐时烘焙；或者下午和面，第二天一大早烘焙。按这些配方制作面包确实需要计划一下，但是每一步并不需要太多的时间。因为时间跨度大，所以许多面包都只能在周末制作。但是，即便面包需要 24 小时来完成，你也不需要一直将注意力放在那上面。

荷兰烤锅烘焙

过去，我用家用烤箱烘焙出的面包与用我的面包房中价格昂贵的意大利层式烤箱（只需按一个键，就可以产生水蒸气）烘焙出的一样，无论是组织、表皮的颜色还是烘焙弹性（是指面团放入热烤箱最开始的 10 分钟内的膨发，是由酵母菌最后的强烈爆发引起的）。荷兰烤锅适用于家庭烘焙，可以制作出表皮松脆、颜色诱人的面包。最近有两本书提到了它：吉姆·莱希的《我的面包》（*My Bread*）和查德·罗伯逊的《塔汀面包》（*Tartine Bread*）。这两本书都介绍了以前家庭制作炉火面包的许多方法，大多数方法都需要使用比萨石并采用多种方式来制造水蒸气，但要想达到专业烘焙的效果，这些措施远远不够。

我第一次用我的那两口荷兰烤锅——一口是爱美亨利的陶瓷锅，一口是洛奇的铸铁锅——烘焙时，就决定用这两口锅烘焙本书中所有的面包（对比萨和佛卡夏来说，它们用烘焙石板烘焙效果最佳，但是也可以用铸铁煎锅或者烤盘烘焙）。你只需将面团放到预热好的荷兰烤锅里，然后盖上盖子，在烘焙过程中面团里的水分就会蒸发，从而使面团膨胀。荷兰烤锅的烘焙效果明显比烘焙石板的好，烤出的面包有良好的烘焙弹性以及深沉漂亮而又质地优良的表皮——又脆又薄。我建议你在烘焙时等到面包表皮的颜色变为深红色或赭红色时再取出，如果太早将面包从烤箱中拿出来，面包将会失去表皮带来的独特口感。

制作数量

按照本书中的每一个配方操作都可以做出两个面包。在自家厨房烘焙时，我经常只做一个面包，然后用剩余的面团制作佛卡夏或比萨。利古里亚的烘焙师会用"多余"的面团和应季食物做的馅料（或者用橄榄油和盐，或者干脆什么都不加）制作面包——一些人认为佛卡夏就源于此。有些面包面团更加适合制作比萨或者佛卡夏，所以本书的某些配方会建议你用剩余的面团制作比萨或者佛卡夏，这样你就可以用一种面团制作两种美味了。

独一无二的比萨和佛卡夏配方

在许多烘焙师看来，比萨也是面包的一种，而且是做面包过程的自然延伸。例如，意大利的烘焙师会将比萨或者佛卡夏与面包一起切片摆放在橱窗里。制作手工面包面团的原则同样适用于制作比萨面团——需要面团长时间地缓慢发酵以形成最佳的味道、颜色和组织。

我爱比萨！在我的餐馆肯的手工比萨店中，我们会像制作面包面团一样制作比萨面团。在本书中我将介绍 4 个比萨面团配方，并根据不同的时间表来选择是使用从商店购买的酵母还是天然酵种。我制作比萨面团的方法与制作面包面团的相同。无论你是从本书的面包面团还是从比萨面团开始学习，一旦你学会制作任一种面团，很快就可以举一反三了。

本书使用说明

本书中所有的配方都用到了相同的基本技巧，这些技巧在本书第四章"面包制作的基本方法"中有详细的介绍：称重、浸泡（预先混合）面粉和水、和面、折叠、整形、醒发和烘焙。第八章"天然酵种的制作方法"介绍了如何从头开始培养天然酵种、如何喂养、如何储存在冰箱中以及如何在下次使用时激活它。第十二章"比萨和佛卡夏的制作方法"介绍了制作比萨和佛卡夏的技巧。

从根本上说，这三章主要介绍了"如何"使用本书中的配方。第二章解释了"是什么"

和"为什么"——简单来说，就是方法背后的原理和手工烘焙面包的细节。如果你一开始就想烘焙面包，那么可以直接阅读第四章，然后尝试制作周六白面包（第85页）。如果你想更深入地了解制作面包的方法，则可以花一些时间阅读一下第二章。

配方

本书中的配方分为三大部分。第二部分"基础面包配方"介绍了如何用市售的快速酵母粉来制作面包。第五章介绍了用长时间发酵的方法制作直接面团（直接法），面团会因混合面粉以及时间安排的不同而不同。第六章介绍了如何用酵头（波兰酵头或意式酵头）制作面包，这比制作直接面团面包费工夫一些（前一晚多花5～10分钟），但是做出的面包具有更丰富的口感。

第三部分"天然酵种面包配方"介绍了如何用全麦面粉和水在5天内毫不费力地制作出味道浓郁、气泡丰富、发酵效果好的天然酵种。自己制作天然酵种是一件非常有趣的事情，用它可以制作令人难忘的、表皮松脆的漂亮面包。第九章介绍了

用混合天然酵种制作面包的方法，这种面包十分独特，混合天然酵种会使面包的内部更轻盈，更膨松。第十章介绍了纯天然酵种面包（不使用商业酵母的面包）的制作方法。第十一章介绍了两款升级版天然酵种面包的制作方法。当你按照本书第三部分介绍的方法制作面包时，你将学会用不同的天然酵种使面包具有特殊的品质。最后，你可以用以上知识制作独创的、符合自己的饮食习惯的面包，就像"制作自己的面团"（第194页）中介绍的那样。

第四部分介绍了如何在家中用比萨石、平底锅或者烤盘制作可口的比萨和佛卡夏。正如我之前提到的，第十二章介绍了制作比萨和佛卡夏的基本方法。在第十三章中，你将看到4个比萨面团配方。第十四章介绍了制作酱料以及比萨和佛卡夏馅料的配方。一定要使用最好的原料——优质的面粉、上好的奶酪、圣马尔札诺番茄等，然后按照步骤操作，这样你在家中就能做出极棒的比萨了（我被餐馆里的燃木烤炉宠坏了，但当我从标准家用烤箱中取出比萨时，我与我的狗戈麦斯击掌庆祝）。这有趣极了！和制作面包一样，制作比萨同样需要付出努力。这就像养成一个好习惯：你一旦做了，

就想一直做下去，直到熟练地掌握了制作方法。

有趣的短文

写这本书让我回忆起一些事情，既有我坚持到今天的一些经历（如我第一次开面包房的失败经历），又有一些令我着迷的事（如即使用相同的配方，重量超过 3 千克的面包比小面包口感好）。

第一章里的短文讲了我离开硅谷成为一名专业烘焙师，专注于手工制作法式乡村面包的故事。在本书的第一部分的短文"面粉来自哪里？"中，我将向你介绍两个家庭农场，我的面包房和比萨店用的面粉都是由那两个农场收割的小麦磨成的。动人的照片、在农民中的口碑、农民辛勤耕耘收获的景象，这一切把像牧羊人谷物的创始人——卡尔·库波斯和弗雷德·弗雷明——这样的人带到了农场，让他们重新思考小麦种植如何满足土地、家庭农场和烘焙师的需要。人们总想知道面包房在早晨都进行什么样的工作。为了满足这种好奇心，我推荐大家阅读本书第二部分中一篇关于面包房早晨琐碎事务的短文——"早晨面包烘焙师的工作"，它会向你展示面包房的日常工作。

在本书第三部分，你将看到"3 千克的球形面包"这篇短文，在短文里我解释了自己喜欢大面包的原因，也与大家分享了其中一些面包的有趣历史。我希望本书不仅能提供令你印象深刻的制作优质面包的方法，还能让你对肯的手工面包房的生产过程有清楚的了解。一旦掌握了书中的基础知识，你就可以按照"制作自己的面团"（第三部分）中介绍的方法制作你的专属面团了。

烘焙是一项你想不断重复和精进的技艺，你可以尝试使用各种混合面粉、给面团整形的新技术，或者按照同样的方法但是在反复制作的过程中改变面包味道和表皮的颜色。重复也是一种乐趣。等你掌握了烘焙的节奏和方法，重复操作会令你每一次都把事情自如而熟练地做好，给你带来一种温暖的满足感。祝你胃口大开！

第一部分

手工面包的
基础知识

第一章
背　景

当我最终辞去了自己不喜欢的工作之后，我的心情非常好。我已经做好准备，以烘焙师的身份迎接人生未知的未来。然而我没想到的是，伴随这个梦想的是一条曲折漫长却又风景优美的路。

产生想法

让我们回到 1995 年，那时我每天都西装革履，每年都要努力完成销售任务，循规蹈矩地生活着。就在那年中的某一天，我的好朋友蒂姆·霍尔特给了我一本一月份的《史密森尼》（Smithsonian）杂志，那本杂志的封面文章是介绍法国著名的烘焙师莱昂内尔·普瓦拉纳的。读完那篇文章之后，我突然意识到自己找到了人生的方向。普瓦拉纳是一名法国烘焙师，在巴黎左岸谢尔什中街经营着一家父亲留给他的烘焙房。他提出了"复古式改革"的说法，并把它看作一种进步，他的大脑中装满了制作面包的古老方法：将双手、时间、火作为烘焙师的工具。这些方法需要的是耐心，但在法国，随着工业化烘焙方法的广泛应用，它们被大大忽略了，那时法国面包的品质也在下降。

莱昂内尔·普瓦拉纳具有推广的天赋和用古老方法制作面包的热情，他使乡村面包重新流行起来。乡村面包是用自然的发酵方法纯手工制作，并使用人力操作的燃木烤炉进行烘焙的，工作人员在闷热潮湿的劳动场所从事体力劳动。（一定要问一下他们烘焙的罗曼史！）莱昂内尔·普瓦拉纳采用的是手工面包的制作技艺。他所用的原料就是用石磨磨的面粉、水、盐和酵母。一个 1.9 千克的球形面包足够一个人吃整整一个星期了。

　　他制作的朴实的面包具有葡萄酒般的复杂味道，人们在人行道上排着长队仅仅为了从他家标志性的面包房中买到一个面包。作为魅力超凡而又与时俱进的推广者，莱昂内尔在很大程度上采用了 20 世纪 80 年代巴黎郊外他的家族面包房中的燃木烤炉烘焙技术，并开始用船将他的圆形大面包运到世界各地，每天他都能用 24 个燃木烤炉烘焙大约 15000 个面包。莱昂内尔的哥哥，马克思·普瓦拉纳在巴黎第 15 区开了一家属于自己的面包房。兄弟二人按照他们的父亲教给他们的方法制作面包：他们制作的球形面包每个重约 2 千克。不幸的是，莱昂内尔与妻子伊连娜以及他们的狗于 2002 年遇难离世了，当时莱昂内尔驾驶的直升机在布列塔尼海岸遭遇了一场风

暴。兄弟二人（我后来发现巴黎其他烘焙师跟他们一样）受到了传统面包烘焙工艺的熏陶。虽然我从未做过手艺人的工作或任何与食物相关的工作，但当我拿到那本杂志的时候，我立刻深深地意识到我就是要成为这样的烘焙师。这与我之前所有的经历都不同。

> **球形面包：** 大而圆的法国乡村面包，每个的重量可以达到 3 千克以上。

　　在阅读《史密森尼》杂志上关于普瓦拉纳的文章之前，我的个人烘焙经历仅仅是用莳萝、茴芹籽、香芹和糖等制作香草面包。制作时只使用打蛋器——手动打蛋器！那时我经常制作那种面包，而且我也非常喜欢它。但我不知道怎么把那种面包做得更好，当时美国很少见到优质的手工面包。1989 年，我住在伦敦的时候，经常代表 IBM 公司去欧洲出差。我特别喜欢看糕点店、肉铺、奶酪店以及我去吃饭的饭店的橱窗。我发现这些店的陈设都特别能打动人：会告诉大家他们一代又一代人都能按照同样的方法制作出品质不变的优质食品。我不禁问自己，在我的国家我们为什么不能拥有这么棒的商店，有一天我是否能够将生产这种卓越的、高质量的、品质恒久不变的商品的商店搬到自己的国家。虽然我产生了一连串的想法——但没什么具体行动。

　　记得在一个暖暖的、阳光和煦的春日下午，我坐在我的弗吉尼亚州房子的后院里，在开满鲜花的樱桃树下读全美面包烘焙师协会通讯季刊中的第一篇新闻稿。蓝色知更鸟在我耳边鸣叫。《史密森尼》杂志中普瓦拉纳的文章激励了我，我以加入这个协会作为成为世界优秀烘焙师的起点。而这篇新闻稿中那些专业人士的发言直击我的心灵深处——而且它也使我产生了在凌晨 3 点烘焙面包的冲动。（那么你呢？！）通讯季刊的新闻稿主要讲了莱昂内尔·普瓦拉纳参加了协会的年度晚宴，全美烘焙团

队第一次在世界杯面包大赛中赢得了面包项目的大奖，比较精彩的一部分是协会一位优秀的"先知"汤姆·麦克马洪的发言，他强调了烘焙师和种小麦的农民之间建立起联系的重要性（而我也是在 10 年之后才理解了这种联系，所以后来我转变了做法，开始使用牧羊人谷物面粉）。汤姆极具先见之明，他的想法不但能改进面包的品质，而且还能改善环境。通过阅读这篇文章——我第一次注意到烘焙师和优秀的手工面包房主的观点——我产生了使命感与激情。这篇文章帮助我浇灌了因《史密森尼》杂志中那篇普瓦拉纳的文章而萌生的希望的种子。虽然距离我读那篇新闻稿已经很久了，但我仍然记得当时我立志要成为其中一员（即烘焙师）的情形。

　　直到我逃离了之前的工作，想认真地做一名烘焙师后，我才真正进入一直从外部窥探的手工烘焙的世界。我每年都会去巴黎两三次，在那期间我参观了许多面包房。（我在巴黎交了一个女朋友——这对我学习巴黎的烘焙技术来说真是太方便了！）我买了很多烘焙方面的书籍，我的偶像都是法式面包烘焙师：穆瓦桑、普若翰、卡米尔、加纳绍、凯泽、戈瑟兰、塞布朗，等等。

　　在 20 世纪 90 年代后期，我走访了加利福尼亚州北部的一些面包房：德拉·费多利亚的面包房和海湾村的面包房等。他们用燃木烤炉烘焙出了我想要烘焙的面包（我一直坚信我也会成为一名像普瓦拉纳那样用燃木烤炉烘焙面包的烘焙师，但是这份信心后来却因现实动摇了），他们的烘焙房就在他们的后院里。我想那一定很棒！我有 20 年都是在大城市拥挤的高速公路上通勤的，在后院工作的想法深深地吸引了我。我是个理想主义者，我会在我的面包房中使用有机面粉，并且采用他们所知道的烘焙最好面包的最好方法。他们的确成功了。在汤玛斯·凯勒开办布雄面包房之前，德拉·费多利亚给纳帕谷的法国干洗店（由汤玛斯·凯勒所经营）长期供应面包。海湾村以最好的乡村面包在全国闻名，查德·罗伯逊每次去贝克莱农贸市场卖面包时，面包都会被一抢而空。

我知道我需要学习如何制作那样高水准的面包，全美面包烘焙师协会通讯季刊中明确写到，学习烘焙技术最好的选择就是旧金山烘焙学院和当时新开张的明尼阿波利斯的全国烘焙中心（现在已经关闭了）。我曾经想向许多人学习烘焙技术并选择适合我烘焙风格的课程。1999 年秋天，我辞去了工作之后，就动身前往旧金山烘焙学院学习手工面包一、二级课程，那是为期两周的手把手教授的课程。终于，我的打工生活有了突破，对我的新征程来说，我就是一个自由的人，完全自由的人。我的确有点儿疯狂。

学习技艺

我永远都不会忘记在学院第一天学习的情形。我们的老师伊恩·达菲让我们每个人用双手揉一个小面团——又湿又黏的面团。我尝试用伊恩的方法揉面团：他用双手拉伸、旋转、折叠面团，就这样没过多久，面团就变成了一个光滑的小球，表面又软又滑，触感就像婴儿的屁股一样。然后，我进行了尝试，然而我的面团却非常黏并不像婴儿的屁股一样柔软，我涨红了脸，就像额头上写着"我究竟在想些什么"。那晚，我满怀忧虑地回到了酒店，我想也许烘焙师并不是适合我的职业。但是两周之后，通过老师细心指导，我能熟练地制作出不错的面团了。我想，要是回家多加练习，我就能体验到制作面团的快感了。

当我去加利福尼亚州北部时，我在雷伊斯角的海湾村的面包房中遇到了查德·罗伯逊和伊丽莎白·布鲁伊特，现在他们的面包房在旧金山非常有名。在接下来的几年中，查德和我经常讨论天然酵种、研磨工艺、法国面粉和美国面粉的不同以及旧式法式乡村面包所需的发酵技术。查德做的面包是我在美国所吃过的最好吃的面包。他烘焙的面包呈深栗子色，而且还有淡淡的小麦和发酵的芳香，酥脆的表皮里面是又软又轻的面包内部。这样的面包不仅漂亮，而且口感非常棒。我觉得他做的面包与我在巴黎尝过的最好吃的面包一样。

查德烘焙面包就像独奏表演一样。在用10秒穿过院子上班之后，查德会先制作好天然酵种面团，然后劈好木柴，在烤炉里生起火，几个小时后就可以打扫烤炉准备烘焙了。在阳光温暖的午后，查德手工分割面团并整形。第二天早晨，他就可以利用烤炉中强烈的辐射热烘焙奇妙的面包了。用手放入面团、拿出面包——当我结束了对查德的第一次拜访之后，我点着头想："是的，这就是我想要的。"

接下来，我拜访了加利福尼亚州帕塔鲁玛的德拉·费多利亚，为了迎接每年一度的索诺玛谷葡萄酒拍卖会，他们在那里烘焙圆形面包，并且用葡萄叶装饰面包。我站在旁边看他们用并排放置的燃木烤炉烘焙那些面包，面包是由艾伦·斯科特设计的——与查德在海湾村的面包房烘焙的面包一样。我帮助他们拍摄照片，如果有我可以帮忙的事，我也毫不犹豫地伸一把手。爱迪、凯瑟琳·韦伯和他们的儿子阿龙经营的面包房就在美丽的田园之中。烘焙房就在帕塔鲁玛农场第15区他们的房子旁边，那里的风景非常优美，而且还有很多欢蹦乱跳的小动物向大家展示它们在农场里的美好生活，看到它们你就可以想到在这里一定能烘焙出不错的面包。当时，我又一次想："是的，这就是我想要的。"我和爱迪一起骑车给拍卖会送面包。当我回来时，阿龙就问我是否想跟他们回去待一两个星期。这真是一个非常棒的邀请。

这是我第一次去手工面包房，韦伯夫妇也非常慷慨，乐于传授经验。每当回忆起那段日子，我都会觉得非常充实——我每天早晨 5 点起床，坐在韦伯家烘焙房前的草坪上，仰望繁星点点的夜空，认真学习制作更有黏性的面团，向未来不断迈进。

在我非正式地跟韦伯夫妇学习制作面包之后（真的只学了一个星期），我打算继续我的专业学习。我知道我需要掌握更多的制作油酥点心的技巧，明尼阿波利斯的全国烘焙中心就有两位著名的导师——菲利普·勒科雷教大家制作油酥点心，迪迪埃·罗萨达教大家最先进的面包烘焙技术。我在那里学习了两个星期，然后又去纳帕谷的美国烹饪学院跟罗伯特·若兰学习了一周的糕点课程，就这样完成了我的正式培训。查德和利兹在从海湾村的面包房搬去米尔谷的零售点之后，也非常慷慨地与我分享了他们的经验。我每次去的时候，他们都会让我观看他们的烘焙过程。如果没有他们的帮助，我在自己烘焙房中最初几年的工作肯定会更具有挑战性，他们制作的面包的品质也一直是我所向往的黄金标准。这种在食品行业非常流行的回馈与分享在我之前的工作中是绝对不会发生的。小型商业圈比大型商业圈更有人情味。

已经到了我在自己家后院搭建燃木烤炉的时候了。在那之前不久，我搬到了离家人更近的地方，他们在很早之前搬到了俄勒冈州尤金。在那里，我有一栋占地面积为 20000 平方米的房子，而且还带有一栋面积为 110 平方米的附属建筑物，我完全可以把它改建成烘焙房。那个地区允许开办小型的家庭企业，而且业主协会也没有规定说这栋房子不可以创办小型家庭企业。这看起来真是一个非常不错的开始。另外，我还有时间来学习烘焙技艺和改建附属建筑物。用不了多久，我就会成为一名烘焙师了——或者可以说我是那么想的。

烘焙面包的味道

在我搬到尤金的时候，我以为创立自己的事业所需要做的仅仅是办一份营业许可证和修建面包房，然后烘焙面包就可以了。然而令我吃惊的是，社区里出现了一股反对我的事业的潮流，我的邻居们强烈的愿望诉求形成了公开的"邻避冲突"。这一事件不仅刊登在了报纸头版，而且在当地电视台的新闻中也有所报道。在两场长达两小时的关于我的面包房的听证会上，一个又一个邻居大发脾气，他们抱怨每天都会闻到烘焙面包的味道——"像西西弗斯一样，每天把同一块石头推到山顶，日复一日，没有尽头"。从我的面包房烟囱里冒出来的浓烟会使一家人的呼吸问题变得更严重，他们家离我的面包房只有几百米远；从烟囱里冒出来的火星可能会把邻近街坊的房子都烧掉；面包房会像观光胜地一样，使周围的交通变得堵塞；我的面包房那里的车道太窄了，会影响赶来救火的消防车通过；从烤炉里飘出来的灰尘会破坏周围土壤的酸碱平衡；面包房的垃圾会吸引大量的啮齿类动物。就像爱丽丝梦游仙境一样，总有一种力量会帮助他人美梦成真，整个结果对我而言就剩法院的一纸诉状了。

那个小社区的18户居民中，有7户书写了倡议书要求论证开设面包房的可行性。其中，我最"喜欢"的一段是这样的：

面粉飘得到处都是。一袋面粉掉下来就可能会引发像挥发性液体洒落一样的事故。这也许是烘焙所引发的危险之一，这种店确实不适合开在居民区。

按法律要求，反驳他们所有指控的重担都压在我身上，无论这看起来多么荒谬，就像说面粉袋子会爆炸一样。我从俄勒冈州气象学专家那里获得了一份许可信，信中说明了每个月的主要风向（在44%的时间内风并不直接吹向社区，这还不包括无风的时间）。我从一家环境工程公司获得了一份证明，证明中说燃木烤炉的排放物不会比普通烤炉的污染更大。我真应该在法庭里扔一袋面粉看看它到底会不会爆炸。

在经历了2场长时间的公众听证会、4个月的焦虑和至少20厘米厚的政府文件之后，最终结果是我在允许开办家庭企业的地区开设小面包房的申请被拒绝了。到了我开动脑筋的时候了。

"相信你自己：每颗心都会使铁弦颤动。"

——拉尔夫·沃尔多·爱默生

紧接着，我立即将尤金抛在脑后。这栋房子太差劲了，虽然我非常热爱那个地方。但是我去哪里呢？我决定重新制订一份计划，并且决定放弃那种田园式的、公认为最安全的、低投资的后院面包房。我决定要去一个新地方开办一家真正属于自己的零售面包房。为了给这份充满雄心壮志——又很昂贵——的冒险准备好资金，我不得不卖掉尤金的房子，把我所拥有的一切都投入到我的面包房经营中。我想搬到受欢迎的地方去，那里的人们会喜爱一咬就碎的黄油可颂、带有香草和蜂蜡香味的松脆可露丽、圆形乡村面包——一个没有人会抱怨烘焙面包的味道的地方。但是那个地方究竟在哪里呢？

在波特兰的探索

我列出了一个单子，注明了理想城市必备的条件：不错的天气、充满活力而不平庸的餐饮界、从农场到餐桌的良好理念。我去了圣路易斯-奥比斯波、扬特维尔、博尔德、丹佛、马里兰州的东海岸以及蒙特雷等地方，经过6个月的考察之后我最终选定了波特兰。在此期间，我还去了法国的保罗·博谷斯学院接受了为期两周的培训。（我在保罗·博谷斯的餐馆里碰到了保罗·博谷斯，他把健硕的双手放到了我的肩膀上，并且我们还拍了张合影，虽然我一直都没有收到那张照片。这听起来像个非常荒诞的故事吧？）

最初，我并不了解波特兰，但是它却给了我很多理由使我决定在未来更好地了解它。现在我终于意识到，我之所以会选定波特兰，是因为当时（现在仍然如此）那里有许多人都在从事小规模的、极少工业化的商业活动，而他们的关注点也只有"品质"二字而已。双手是他们最重要的工具。那里的人们熟悉为他们提供食品和饮料的生产商。这里的食物上总标有"手工"的标签，而这也正是我将自己的面包房命名为"肯的手工面包房"的原因。在波特兰，人们知道自己所喝的啤酒、葡萄酒以及所吃的奶酪、比萨上的萨拉米是谁制作的，这在他们看来很正常。也正是因为如此，我才觉得那里才是我该待的地方。

经营餐馆或者面包房是非常困难的事情——特别是你之前从未从事过与之相关的工作。去一个没人认识我的城市对我来说真是一件非常疯狂的事。但当时我并没有很多选择，不过有一点我是笃定坚持的：我的面包房一定要开在我热爱的地方。TMB烘焙学院（与旧金山烘焙学院齐名的烘焙学院）的米歇尔·苏亚斯帮我做了面包房的布局和设计。3个月之后，我在波特兰一个遍布酒吧和餐馆的老社区里开了一家面包房。装有我的烤箱、大型和面机以及其他主要工具的集装箱从弗吉尼亚州纽波特纽斯港进入了美国，然后一辆大卡车把它们运到了我身边。11月初一个下雨的阴冷周末，那辆卡车晚上8点整到达了我的面包房。我和新雇佣的店员以及超级英雄安装工卡洛斯在面包房前面遇到了司机，用一个租来的铲车卸下了卡车上的货物。烘焙设备实际运到的时间比预期晚了整整一天。我还记得那天负责运输的司机在爱达荷的博伊西郊外给我打电话，告诉我他牙疼得很厉害需要去看牙医，因此他晚上来给我送东西。我脑子里满是意式烤箱和法式和面机，那些东西是我几个月以来一直在等待的货物，它们在欧洲装船，它们翻山越岭，克服了司机的牙疼才来到我身边。

　　所有这些工具都是在 2001 年 11 月中旬组装的，我的店是 11 月 21 号开张的。我所有的雇员都已就位，我正式开始经营我的面包房了——我的第一份与食品有关的工作。最开始两年饱受打击——在尤金的失败，决定在哪里开设面包房，卖掉尤金的旧房子，在波特兰找到合适的地方，开设面包房——然后突然就开面包房卖面包了？哇，这真是一件了不起的事！但是在某一刻，过去就在我身后。就这样，肯的手工面包房正式诞生了。

第一印象

　　我的面包房所在的社区人口密度很大——在西雅图和旧金山之间。但那里的人们都居住在并不奢华的出租公寓里，他们的人均收入令我有些担忧，因为我的面包的竞争优势在于品质而非价格。我的面包房在"9·11"事件之后的两个月开张了。当时经济正在衰退，提倡无碳水化合物的阿特金斯饮食法和迈阿密饮食法都非常流行。那年也创造了波特兰有史以来的最长降雨纪录。波特兰当时的失业率大约为12%。今天，一家野心勃勃的面包房开张一定会立即引起媒体关注，但在那时却没有人理会这件事。所以，那时只是断断续续地有顾客、朋友和家人来店里看看，再加上一些好奇的路人。

　　一些人对我们的努力表示赞赏，他们了解我们的目标，他们知晓我们原料的品质以及我们要制作理想中的面包和糕点的意图。现在，我经常想起的是我们出的差

错而不是那些进展得很顺利的事情。我们的第一个压片机（用来压制可颂面团和酥皮面团）太小了，给我们带来了很多麻烦。可露丽看起来大小不一，但它们烘焙好之后，看起来就非常棒了。所有的油酥点心都是在层式烤箱中烘焙的，我们的前臂时常会碰到层式烤箱中上层的烤盘而被烫伤。

每天早晨4点我就会赶到面包房，和好法棍面团，帮助其他人制作早晨的油酥点心，然后烘焙经过整夜冷藏的天然酵种面团。我将面团分割、整形，然后烘焙法棍。第一批面包会在早晨8点半左右出炉。而那些在早晨8点或者8点一刻来面包房的客人经常会因为法棍没做好而生气，有时他们还会嘲讽我们："你们真的是法式面包房吗？"我确实无法在早晨4点前就赶到面包房，即便我按照理论上所说的在早晨8点前将面团放入烤箱，那样烤出来的法棍口感一定不会很好。

当然，责难的目光令人非常难受。其中，那些法国客人最厉害。我想知道顾客对我们工作的看法，但他们的这种评论会让我不愉快。我们的面包房可以随意评论，他人对我们的所有评价都会影响我们。

延缓室（小型冷库，整形完毕的天然酵种面团可以放入其中进行一整夜的低温发酵）还有一些"癖好"。每周一它都会自动转换为发酵模式，然而最开始的时候却没人告诉我。在2001年圣诞节前，它在周一自动转换了，但我并没有意识到。在那一年，平安夜和新年前夜都是周一。在平安夜当天早晨，我差不多在4点之前提早到达了面包房，想烘焙并出售适合摆在节日餐桌上的面包。我打开了延缓室的门，一股温暖、潮湿并且带有酸味的气体扑面而来，面团溢出了发酵模具，它们由于发酵过度已经不能再用来烘焙了。然而，我仍然烘焙了一部分面团，想看看究竟能做出什么东西来。结果做成的是难看的坏面包，每一个面包看起来都像是2倍大的低帮大码篮球鞋。真是糟糕透了！我能做的只有在当天上午10点左右的时候烘焙法棍，并将那些难看的酸面包卖光。附近威尔德伍德餐馆的主厨科里·施赖伯过来买了一块可怜的、扁平的天然酵种面包——并且把他的肩膀借给我倚靠。非常感谢他！但我仍然没有发现问题在哪里，我以为延缓室不制冷是因为我操作不当。当时，我的面包房已经连续营业6周多了，期间一天都没有停业休息，我每天的工作时间都是从早晨4点一直持续到晚上6点，或者还有可能更晚。当然，我的记忆可能有一些混乱。又到了下一个周一，也就是新年的前一天，同样的事情又发生了。啊！在1月2日，我打了几个电话，得知我的延缓室设定了一种七天循环模式，它每周都需要进行一次更新，否则它将会进入发酵模式，温度升高。（是的，现在我注意到了。）

我们总是在失败中吸取教训。

　　每当我觉得我们已经找到了生产节奏时，总会有新的问题出现，将我拉回现实。例如，我总是不得不爬到260℃的烤箱顶上换熔断丝（深呼吸），有时熔断丝会在烘焙面包时熔断，而我也是在几个月之后才发现一个插座上设定了错误的熔断值，但是我却用一根错误的熔断丝代替了另一根错误的熔断丝。唉！有一天，早晨5点的时候，我按下了烤箱的按钮，希望能出来水蒸气，但是我却看见一股水从烤箱下面流了出来。我迅速关上了烤箱仪表盘下方的开关，然后我就看到了一根破裂的胶皮软管，而且漏水并没有停止！我立即关闭阀门，进行检查。我拿起一把菜刀切下了损坏软管前面的部分，并将这部分与后面完好的软管重新连到一起，夹上一个夹子确保安全，再用拖把和毛巾将烤箱周围收拾干净。这样的事情在几个月内反复发生，真是令人讨厌！谁愿意软管损坏呢？没有人说这样的事情处理起来很简单。哎！

　　我所烘焙的天然酵种面包具有深焦糖色的表皮，我真为那些面包感到骄傲，但是波特兰的人却不这么认为。于是，我撰写了一份题为"为什么我们的面包颜色比较深"的宣传单。虽然我觉得这样的宣传单起不了太大的作用，但我意识到必须由自己做出解释的必要性。我们使用了法芙娜巧克力来制作巧克力可颂（直到今天我们还是这样做）。我也会制作真正的法式巧克力面包：在厚厚的一片新鲜出炉的天然酵种面包上抹上黄油，撒上巧克力屑和一小撮盐之花。那时，我们每天至少都能卖两三个这样的面包。我还会有意留出几个没有烘焙的天然酵种面团，使其过度发酵并充满孔洞，然后排出面团中的气体，将面团切成叶子状再进行烘焙。有时候我们会卖几个那样的面包或者像椒盐卷饼一样，刷有橄榄油、顶上撒了盐之花的面包。我的油酥点心主厨安吉能做出漂亮的苹果挞、巧克力和咖啡手指饼干、梨子千层酥、巧克力挞、布里欧修、费南雪、马卡龙、布朗尼、各种馅的巧克力泡芙、乳酪泡芙、奶油蛋糕、国王饼等。人们会走进店里，问我们有没有"康司"饼。如果人们听见我们正在制作可露丽，他们也会走进店里来问我们"可丽露在哪里？"我开始模仿制作巴黎式的优质面包和油酥点心，所以当波特兰人不知道我们究竟在做什么的时候，我也并不感到吃惊。然而到了今天，人们已经知道我们在做什么面包了。在过去的10年中，波特兰的食品行业发生了很大的变化。

　　我们使用的都是有机面粉、塔希提香草豆、尼曼农场的火腿、布列塔尼的袋装海盐、格吕耶尔干酪（我能买到的最好的奶酪），还有我之前提到的法芙娜巧克力，连茶叶都是从法国进口的玛丽亚乔茶叶。一切从零开始，那时店里的店员经常比客人还多。

我们将巧克力可颂卖 2.5 美元一个，结果遭到了人们的冷眼。我在店里的意见箱中发现了一张纸条，上面写着："2.5 美元的花草茶和热水，你将永远失去我这个顾客！"还有一些人抱怨咖啡不能免费续杯；一些人告诉我们油酥点心太小了，看起来像烘焙过度，而且也太贵了（3.5 美元只能买一个 10 厘米的水果挞，2.5 美元买一个苹果卷饼，1.75 美元买一个手工黄油可颂）。但至少，没有人抱怨过面包的味道。

那些日子是我一生中压力最大的日子。我觉得我确实有必要这么说，但我不知道究竟是因为什么。也许从办公室工作转换成这种高强度、少睡眠的体力工作的确需要一种休克疗法。

在一天即将结束的时候，在面包房工作 14 个小时后，我会清洗大型和面机，把头埋在搅拌缸里，然后想一下我心目中的英雄——那些我从书上知道的伟大主厨，他们以终日工作而闻名。我想，如果他们可以将所有的时间都用于烘焙面包，那么我应该也可以。有一天，我意识到我真的累了，因为我听到了自己的脚在地板上拖着走的声音。我结束了那种感觉，也结束了那样的想法。在面包房开张 3 个月后，我终于休息了一天。我足足睡了 12 个小时，当我睡醒之后，我感觉自己就像与当下时间有几个小时时差的僵尸。

理念的认可

抛开最初的挑战不说，我对未来仍然持乐观态度，因为这是我唯一的选择。积极的反馈可以抵消消极的想法。我们在咖啡座边上设立了一个小意见箱，而且还有纸和钢笔（人们总是偷拿我们的钢笔！）。我总是因为一些评论而感到信心倍增。

"面包房真是太棒了。这是我在美国见过的最好的面包房。"

"我们刚从巴黎旅行回来，也去了许多有名的面包房，没有一家做的可颂像你们做的那么好吃。"

"我们今天来为儿子买下午 4 点的零食，我想让你们知道我们真的非常喜欢法式巧克力面包、巧克力泡芙和布里欧修。感觉就像回到了家乡一样。真是非常感谢你们。"

"不要做任何改变。一切都很棒！"

此外，一些不错的餐馆也开始从我们的面包房订购面包，而且我也知道，如果我想把面包房业务做大的话，我们就需要开展批发业务。当我决定买一辆运输卡车开始下一阶段的新生活时，我为波特兰最好的三家餐馆——佩利餐馆、希金斯酒店

和蓝时酒店购买我们的面包而感到骄傲。它们给了我收入和知名度。

那些餐馆用自己的方式给予了我很多支持。格雷格·希金斯将我的苹果面包列在晚宴的特殊菜单中，维塔利·佩利将我的面包用在每一道菜中做了一份试菜菜单。其他主厨也向我伸出了援助之手。利普餐馆的丹·斯皮茨也做了相似的晚餐。每当使用我制作的面包时，许多餐馆都会把我的名字列到菜单里。有时，菜单里会这样写："不错的小圆面包，肯！"在我需要的时候，这些主厨总是会慷慨地给我提供建议。

令人印象最为深刻的一次经历是，在我经营面包房第一年快结束的时候，我亏损了将近7000美元，因此我非常害怕面包房倒闭。当时，我手头并没有太多现金，而且除了沙拉·佩里在俄勒冈州电视台周日的一次现场直播中介绍过我们的面包之外，我们还没有进行过任何宣传和推广。我坚信我们制作的面包是独一无二的，而且在我们最初经营的五六个月中，我们采取了一系列的措施来提高面包的品质。但是，好像没有人注意到这些。自我宣传虽然只是宣传的一部分，但是它要比其他任何部分都重要。我们需要媒体帮我们在购买群体中建立可信度，使人们了解到购买我们的面包是非常值得的（当然，这是在美食博客开始流行之前）。

于是，我决定自己大干一场。我们首要的大事就是举办一场特殊的面包品尝会。我从网上预定了几个普瓦拉纳面包，而且只要一夜就能送到，并从中央面包房和珍珠面包房买了一些面包，让他们送至我指定的地方。

这个品尝会气氛非常融洽，并没有太多的竞争性。我希望人们在品尝法国著名面包的同时品尝我做的面包。这一件不同寻常的事情——面包品尝会——使我们的店里来了至少150位客人，他们的关注点全部都在面包和面包的味道上——一个相当罕见的主题（有证据表明，我们用于描述面包味道的词汇要比描述葡萄酒、啤酒或者其他美酒的词汇少得多）。人们对我的面包所做出的反应让我极为高兴，因为在当时当地，我的面包还是新产品，尤其是当我将其与我的标杆——普瓦拉纳面包做对比时。

虽然面包房的收入增加了，但是我们还是没有度过困难时期。市政部门通知我，面包房所在的那条街将在未来3个月里白天禁行，因为要更换地下自来水管道。但是，我的面包房必须要在白天营业，我害怕这将是压倒我的最后一根稻草。我苦苦思索在这条街道晚上恢复正常时如何让面包房在晚上营业而不影响白天的烘焙。我突然想到，可以去办理一张酒类供应许可证，卖啤酒和葡萄酒，把面包房的咖啡座变成夜晚能给人们提供家常食物的吧台。

在那段时间里，我遇见了奥利·沃森和克洛迪娜·佩平，他们刚从纽约搬到波特兰。克洛迪娜是雅克·佩平的女儿，她和她的父亲所主持的 PBS 电视台的节目非常有名，他们两个人共同写了几本关于烹饪的书籍。除此之外，她还为酩悦香槟代言。奥利在纽约做过许多有名餐馆的主厨。他们两个人都在寻找新工作，并且他们对烘焙面包都非常感兴趣。我所能给他们的报酬也许并不能与他们的身价相匹配，但是他们却愿意加入我们的团队。这样一来，就由奥利来主管厨房（不是炉子！），由克洛迪娜主管咖啡座，肯的手工面包房就变成了每周营业五晚的小餐吧，为客人们提供一星期的特色菜肴，包括红酒烩鸡、油封鸭以及其他经典菜品。这些菜品吸引了我所急需的媒体关注，媒体的报道除了酒吧之外，还有我对面包的执着。最后，奥利和克洛迪娜还是离开了，他们去做更适合他们的事情了。在 8 个月之后，我关闭了酒吧，举办了一场豆焖肉（当天全部卖光）派对。把面包房变成餐馆的确是一段不错的经历，它帮助我们了解其他行业。

2003 年 1 月，吉姆·狄克逊为《维拉麦特周报》（*Willamette Week*）写了一篇关于我的烘焙事业的文章，题目是"酵母的负担"，它被提名新闻行业的"詹姆斯·比尔德奖"。"切下一片面包，你会感觉到面包表皮裂开了，然而它并不会太硬或者太难嚼。面包内部不仅柔软、潮湿，还有许多发酵产生的气体形成的小孔。优质的乡村面包是经过发酵、带有坚果味和小麦味的面包，但还有许多其他复杂味道的面包。它们会让你食指大动，停不下来。"他还提到了我十分迷恋烘焙，随着大量媒体对我进行采访，"迷恋"似乎成了描述我的专用语。在最开始的 13 个月里，我看到媒体上写到任何关于烘焙的事，都有一种经历了媒体消寂之后的满足感。

终于，人们都来到了面包房——来自各地的人们都来到了我们的面包房。我们像是已经准备好了，却又像是还没准备好。需要烘焙的食物与餐馆中的不同，我们不能立刻就做出来。我们几乎要提前一天准备所有的东西，所以我们就需要猜测顾客究竟想买些什么。我们明天能卖出多少根法棍？多少个松饼、可颂、挞？

一天，纽约著名的卢特斯餐馆的前主厨安德烈·索特纳和他的妻子西蒙娜来到了我的面包房。后来，索特纳主厨告诉克洛迪娜和奥利我做的可颂真是棒极了。然后，克洛迪娜也带着她的父亲来到了我的面包房，我们共进晚餐。他客观地赞美了我的可颂，他说那是他吃过的最好的可颂。他既友善又优雅。与雅克·佩平在我的面包房里共进晚餐，我有些飘飘然了。我的偶像们的到访以及他们给予我的表扬都给了我极大的信心。

随着时间的流逝，当我有能力雇佣足够多的员工从而能更理智地安排我的时间时，我们开始每天早晨更早一点儿制作法棍。但是，顾客们却说我们烘焙的面包和油酥点心的颜色太深了。后来，或许是我做了让步，或许是我的顾客做了让步，或许是我们达成了一致意见（也许是他们看到了我们的"为什么我们的面包颜色比较深"的宣传单？）。在最初的那几年里，对我而言最好的回报就是大多数人都喜欢我们烘焙的面包。日复一日，周复一周，经常光顾我们面包房的人数在不断增加。我们就像他们亲眼看着长大的孩子一样。现在，我们都期盼路过的客人能到面包房里来。在我过去所从事的工作中，没有任何一份工作是有益于社区的。现在，当我确信我们的事业不会失败时，我的房东也就不会受到一家破产面包房的拖累，我也可以不用担心有一天我将不得不重操旧业。这份工作本身就有回报。

第二章

制作好吃的
面包和比萨的 8 个细节

本章中我将介绍手工烘焙面包的一些既关键又重要的因素。如果你想直奔主题烘焙面包，请翻到第四章"面包制作的基本方法"和第五章"直接面团面包"，如果有时间的话，你可以再返回来看一看第二章（和第一部分的其他内容）。本章的内容并不是很难理解。

如果你把烘焙面包看作一种发酵工艺，你可以把自己的目标设定为通过各种发酵方法烘焙出具有不同口感和味道的面包。虽然对许多读者来说这些概念是全新的，但我想强调的是，对烘焙出好的面包而言最重要的因素就是让面团发酵足够的时间。当然，过犹不及。如果发酵的时间过长，面团中就会产生多余的酒精和酸，那些味道会盖住香甜的小麦味。除此之外，由发酵产生的气体支撑面团的物理支撑力也会遭到破坏，这样面团就会塌陷。使面团达到最好的发酵结果意味着要使发酵（初发酵）时间、醒发（二次发酵）时间、面团温度、环境温度以及面团中酵母用量之间完美平衡。本章的焦点就在于介绍如何使以上这些因素之间达到平衡。

细节 1：时间和原料的温度

要想烘焙出好吃的面包，耐心是必不可少的。时间是烘焙师最重要的"工具"。将时间看作配方中一个独立的、关键的要素是优秀的烘焙师能脱颖而出的一个非常重要的条件。如果能使时间与面团温度、环境温度、面团中酵母用量达到平衡，你就能制作出非常棒的面包。你只要用足够的时间——本书中最简单的配方的制作时间都超过 7 个小时——并不需要付出更多的努力，就能做出相当不错的面包。

在美国，制作面包的传统理念是面团膨胀只需要很短的一段时间——只需要一两个小时——这段时间是面团中产生气体，建立面团结构的必要时间。而我和其他烘焙师都将发酵看作是面团产生香味和适量酸的必要过程。

温度和时间成反比的关系，此消彼长，而且我也喜欢看到根据需求调节使两者

发酵： 所有原料（面粉、水、盐和酵母，除此之外可能还有天然酵种或者酵头）混合好之后面团的第一次膨胀。

达到平衡的状态。温度较高的面团所需要的发酵时间较短，温度较低的面团所需要的发酵时间较长。值得注意的是，面团的温度会影响酵母菌的新陈代谢：温度高时酵母菌繁殖的速度也比较快。一旦将面粉和水和成面团，那么酵母菌就会一直繁殖直至面团中没有氧气，随后会消耗面团中的糖分以产生气体（二氧化碳）和酒精。正是因为产生了气体，所以面团才会膨胀。

延长发酵时间对面团产生最佳味道非常关键。温度较高的面团适合酵母菌快速繁殖，发酵过程也会变快。反之，如果制作面团时使用的酵母过少，那就意味着酵母菌繁殖并达到最大化的时间要变长——关键点就是，面团达到厌氧状态或者氧气完全消耗完。在一定程度上，用发酵时间更长的面团制作出来的面包味道也更好。事实上，这也是我研发面包配方的关键原则：用更少的酵母和更多的时间制作出更可口的面包。

还有一个在面团变化过程中起关键作用的因素就是细菌。面团中不仅含有酵母菌，还含有大量不同种类的细菌。在酵母发酵的自然过程中，需要一定的时间使细菌繁殖以产生酸和香味。细菌的增多也会使面包的味道变得更加复杂，我的意思是，在食用优质面包时多种味道会同时冲击你的味蕾：面粉的味道以及由酵母菌和细菌产生的所有味道——包括酒精、酸和酯（能够产生香味的化学物质）。

时间是产生以上产物的关键因素。我们所要寻找的正是发酵的"甜蜜点"，过长的时间会打破产生香味的因素的平衡，而时间不充足会影响这些因素的产生。当面团发酵过度时，酒精的作用就会变强，这样就会影响小麦的甜度。过长的发酵时间也会使面团变得过酸。但在某种程度上而言，长时间的发酵是一件好事。面包中的酸越多，它保鲜的时间就越长。乳酸和醋酸还能使面包的味道、香气和口感更好。然而，过多的酸会使面包的回味变差，许多人（包括我在内）都不喜欢。这里需要

称重量和量体积

　　如果你想按照配方制作并得到始终如一的结果，在你重复过一些基本熟记的配方之后，比照配方你会发现采用称重量的方法要比量体积的方法有用得多。对初学者而言，我量取的 2 量杯面粉和你量取的并不完全一样。我量取时面粉装得可能更紧实，而你量取时可能装得更膨松。对水而言，即便有几大勺的差异也很难看出来，但是在重量上却有很大的差别。烘焙面包要根据原料的特定比例进行，但用量体积的方法时原料之间的比例不会非常精确，而用称重量的方法时原料之间的比例更可控。在高水平的专业烘焙中，要以所有原料的重量为标准，而且原料重量之间的比例要以

配方中面粉的用量为基准。在参照本书的配方时，我推荐大家用称重量的方法而非量体积的方法。

　　可以说，许多烘焙师还没有意识到厨房中的测量规则。对那些烘焙师而言，我列出了本书中所有原料近似的体积换算表。面粉是最难按体积进行精确测量的原料，因为面粉在很多方面不同：颗粒粗细程度不同、在测量容器中的紧实程度不同；当面粉被放到量杯中时，面粉的表面与量杯口是齐平的还是凸起来的。但是，如果用称重量的方法的话，就不会有这么大的差别了。为了保持配方的一致性，本书中所有的配方用的都是亚瑟王面粉——通过量体积量取的面粉的重量与所用面粉颗粒的粗细程度有关。当用量体积而不是称重量来量取面粉时，你可以将面粉放到一个大容器里，用叉子挑松，然后用大汤匙舀到量杯中或者舀满后用刀刃将高出量杯口的部分抹掉。（如果这个过程听起来太麻烦，那么好吧，请买一台厨房秤。）

　　当然，如果你要烘焙的面包要使用酵头，那么量体积就没什么用了。我的许多配方中都要求使用 100 克天然酵种，这个量要比 1/3 量杯稍微多一些。而问题是如果你要将天然酵种舀到测量用的量杯或量勺中，你就会挤出天然酵种中间的空气（这样会使测量不精确）。在此，我就不再赘述称重量的重要性了，尤其是当你进行到本书第三部分时。

掌握最终面团的温度

对所有我制作的面包而言，当和好的面团的温度为 24 ~ 27℃时，面包的味道最好，配方中后续工作时间的把握以及最后制成的面包的品质都取决于这个温度。当你已经和好面团并且盖好待其膨胀或者开始发酵时，你要用温度计测量一下面团的温度。如果面团的温度不在 24 ~ 27℃，那么你就需要调整一下面团的温度。

要控制面团的温度，就需要把握好以下 4 个因素：水温、面粉的温度、室温和浸泡时间。在这四者之中，最容易掌握的就是水温，我将向大家介绍使用温水和冷水的小技巧。如果你仔细观察了每次的结果（并将其记录了下来），那么用不了几次你就可以掌握制作面团的理想水温了。

本书中绝大多数配方都将和好的面团的温度设定为 26℃。我发现，达到这一温度时，面团的甜度最佳，但我还是鼓励大家多尝试 24 ~ 27℃不同的温度。按照配方中的操作步骤，通过时间和温度的最佳结合方式，使面包产生最佳口感、最大

体积的最好方法就是重复进行试验，并且根据之前的试验结果做出相应调整，这也是烘焙乐趣的一部分。每次和好面团时都要记下面团的温度和当时的时间，然后在进行接下来的工序时也要将相应的时间记下来，而且还要记录面包是什么时候出炉的。如果你记录了一连串的温度和发酵时间作为以后的参考，那么你就可以调整工序制作出最好的面包。你也会因为自称"烘焙师"而感到满足，因为你已深深地知道自己正在做什么、为什么要这样做。

本书中的配方也明确规定了所使用的水的温度。与其他烘焙师相比，我喜欢让水温和面团的温度稍高一些，从而使用更少的酵母。但是，也不要用温度过高的水，因为在温度达到46℃时商业酵母就会失去活性。当我在室温下和面时，面粉的温度通常在21℃左右，水温为35℃，将混合物静置30分钟，和好的面团的温度就正好可以达到26℃了，这就是我理想中的面团温度。如果是夏天而且水也放置在室内（在这种情况下，面粉的温度也会相对较高），我只要用32℃的水就能达到面团的目标温度——26℃了。如果你将面粉保存在冷藏室或者冷冻室中，我建议你在和面的前一天就将其取出来。本书所有配方都假设面粉的温度为室温。

注意的就是要把握好时间和温度的平衡，这样面包就会产生多样的味道，既不会过酸，也不会产生过多的酒精，同时面团的结构会达到最好的状态。面筋可以支撑气泡使面团膨胀，气泡会随着时间的流逝破裂，因此发酵过度的话面团就会塌陷。总的来说，时间点在你制作面包的整个时间表中也是起作用的！

延长发酵时间的方法有好多种：可以减少面团中酵母的用量，也可以降低面团的温度或者降低面团发酵环境的温度，还可以同时运用两种方法。如果我制作的天然酵种面团已经在27℃的温度下静置了3个小时，我就可以将其放到面包房9℃的延缓室中，这样它还需要12个小时才能完全发酵。长时间的低温发酵会使面包产生更为多样的味道，而且还能产生丰富绵长的回味。虽然我们在面包房中可以采用低温发酵的方法，但是它在家庭烘焙中的

> **延缓室：**一个延缓面团发酵的冷库。在我的面包房中，延缓室就是一间有6个辊轮式货架的小房间，我们将它的温度设定在9℃左右。在家里，你可以用冰箱来延缓面团的发酵，而且本书中的许多配方也是这么要求的。

可操作性并不高，因为在冰箱中无法存放我向你推荐的12夸脱（1夸脱=0.946升）的金宝面盆。在本书中我调整了一下配方，这样晚上和好的面团在加入少量酵母之后，就可以在室温下进行发酵了。你会发现本书中的许多面团都是在室温下进行发酵后，再放入冰箱中在3～5℃的温度下醒发一整夜——这是因为在冰箱中找地方放发酵篮要比放巨大的面盆简单得多。

三种变量

我们面包房制作的葡萄干山核桃面包味道非常好，即使不饿的时候，我也会吃一点儿。当这款面包在最佳状态时，我尤其喜欢。但是有一段时间，这款面包尝起来却非常普通，我认为那可能是因为面团没有发酵充分从而影响了味道。我与早晨的烘焙师进行了交流，发现面团已经得到了充分醒发（意思是面团在整形完毕后有足够的时间膨胀）。因此，很有可能就是面团的发酵需要更长的时间。然而，我不能改变时间表，因为与此同时还要做其他事情。鉴于不能调整时间，我决定改变其他要素——面团中酵母的用量、发酵时的环境温度、和好的面团的最终温度——中的一种。我决定改变最后一种，使和面的水温比我们平常用的高2℃。过去我们把面团从和面机中取出来的时候，面团的温度已经达到了24℃，而如果用温度较高的水来和面，那么面团的温度就会达到26℃。其他所有的条件还是保持不变。第二天，面包又达到了其最佳状态：恰到好处的口感，不酸，在嘴里有淡淡的回甘。

在阅读本章时你可能会想："我不知道我可以利用这些知识做什么。"在这里我会给你答案：好吃的面包不是简单套用配方就能做出的。无论我的配方多么准确，但还是有许多其他不可控因素。有些面粉的活性较强，它们会比其他面粉发酵得更快。你的厨房的温度可能是21℃，而别人的厨房的温度可能是27℃。这就是其他很多烘焙书籍中没有明确列出面团的发酵时间的原因，而只是简单地写成"使其体积变成原来的2倍"，而本书中的配方却要将这些变量具体化。除此之外，我在本章中还要帮助大家理解时间和温度是如何影响面包口感和面团发酵过程的，还有你需要如何利用这些变量来制作极棒的面包。

细节 2：在时间允许的情况下使用酵头

在制作口感丰富的面包时，本书中的配方会用到以下两种方法中的任意一种。第一种方法就是用缓慢发酵的方式制作直接面团，这就意味着要使用更少的酵母，用比传统配方更长的时间发酵——和面和整形阶段至少要用5小时。第二种方法就是在面团中加入酵头或者天然酵种来加快发酵，而酵头或者天然酵种要在制作最终面团前几小时就进行制作。

波兰酵头和意式酵头是我们最常使用的酵头。它们都使用了非常少量的商业酵母。

直接面团 单独制成的面团，不需要使用酵头或者天然酵种。

天然酵种 在法语中对应的单词是"sourdough"，意思是只用面粉和水制得的面团，包含成千上万的活性野生酵母菌和在自然环境中产生的细菌，可以发酵面包面团并使其膨胀。在过去的几千年中（据参考文献记载，大约为5000年），人们只用面粉和水来制作天然酵种面包，有时也会使用盐，而且只是用空气和面粉中存在的野生酵母菌来使面团发酵，这样就能制作出充满气泡的芳香面团。

酵头 最终面团的一部分，只不过它要提前制作，通常要在制作最终面团前的6～12小时制作。本书配方中所使用的酵头多是波兰酵头（较湿，面粉和水的用量相同）或者意式酵头（水分较少，更硬一些）。使用酵头制作的面团能使面包口感丰富、膨胀得更大，并且可以保证面包的品质。

波兰酵头 波兰烘焙师将它的制作技巧带到了法国。就像意大利的意式酵头一样，随着波兰酵头的发酵（6～12小时），酸不断累积。将这种酵头加入最终面团中可以改善面包的味道，使面包具有黄油味和坚果味。波兰酵头使用的面粉通常占配方中面粉总用量的30%～50%，而且水和面粉的用量是相同的，再加上一点点酵母。

意式酵头 一种源自意大利的酵头。它没有明确的定义，通常是指用面粉、水和极少的酵母粉制作的一种较硬的面团（60%～70%的水），一般在发酵6～12小时后用它制作最终面团。意式酵头中会产生许多能增加面团味道的气体（二氧化碳）、酒精、酸和细菌。当将它加入最终面团中时，面包中就会有那些味道了。

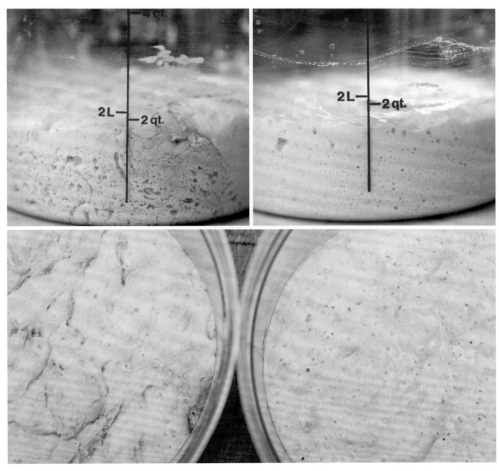

上：发酵充分的意式酵头（左边）和波兰酵头（右边）　下：意式酵头（左边）和波兰酵头（右边）的组织

制作酵头时，需要先将配方中30% ~ 80%的面粉与水、少量酵母预先混合，使其发酵（通常是一整晚），然后将这些芳香多泡、经过预发酵的混合物与剩余的原料混合来制作最终面团。这一过程能大大增加面包味道的多样性，而且也会增加面包里面的酸的量以延长保鲜时间，并使面包颜色更加丰富，味道更好。在商业烘焙中，使用酵头可以缩短面团发酵的时间，而且不会影响面团的质量，在生产中优势明显。

　　为什么在家庭烘焙中也要进行这一额外步骤呢？当然是为了制作出更好吃的面包！具体而言，这样做出的面包要比用直接面团制作出来的面包具有更好的口感。用波兰酵头制作的面包细腻、带有淡淡的坚果味，并有薄而松脆的表皮；而用意式酵头制作的面包则具有浓郁的乡土气息。在我的面包房中，我会用意式酵头来制作夏巴塔。在本书的配方中并没有使用其他种类的酵头，比如海绵酵头或所谓的中种面团。有些酵头含盐，有些不含盐。虽然名字和类型不同，但所有酵头有一个相同之处——就是它们都利用细菌进行发酵并会产生酒精，这样会改善面包的口感和膨松度。用发酵充分的酵头制作出来的面包内部更富有光泽感。而优质面包的标志恰好是有光泽感的内部，我通常在闻和尝之前这样观察面包。

使用酵头时，非常关键的一点是要使其充分发酵但不能过度，以达到最佳味道和发酵程度。如果要使酵头在制作面包的过程中发挥有益作用，则至少需要4小时的发酵时间。当发酵状态达到顶峰时，意式酵头中就会产生大量气泡，顶部微微呈圆弧状，有很浓的酒精味和酵母味。发酵过度的意式酵头会塌陷，这一点非常容易鉴别。发酵得恰到好处的波兰酵头的顶部会产生很多气泡，如果你仔细盯着酵头观察，就会发现它的顶部不时冒出气泡。像意式酵头一样，波兰酵头也会产生酒精味和酵母味。发酵过度的波兰酵头也会塌陷。

如果你使用的是发酵不充分的意式酵头或波兰酵头，你就无法制作出味道丰富的面包，而且面团的发酵也会缺少活力。这样做出的面包会比较紧实，体积会比较小，而且味道也比较淡。反之，如果酵头发酵过度，就会产生过浓的酒精味，这样就会盖住小麦香甜的味道。

第一次制作酵头时，你都会非常怀疑这么少的酵母是否够用。仅仅按照配方介绍的方法操作，你会发现结果令自己吃惊不已。即使是在开了这么多年专业面包房之后，我仍然对此感到惊讶。整夜发酵比萨面团所使用的波兰酵头（第231页）可以发酵5个比萨面团，只需不到1/8小勺的快速酵母粉就可以了。用非常少的酵母制作波兰酵头或者意式酵头才只是开始而已。面粉里的酵母菌和酶可以被水激活，所有的酵母菌会很快呈对数形式繁殖，直到充满了整个波兰酵头或者意式酵头。你一开始所使用的非常少量的酵母的数量会变得非常大——真是庞大的数量。那真是太酷了！

在我的面包房中，我们在制作酵头时总会按照季节来调整酵母的用量，因为冬天晚上的温度较低，而夏天较高。当温度较高时，我们使用较少的酵母；而当温度较低时，我们使用的酵母会比较多。当然，我们也可以采用另一种方法——酵母用量相同，在制作酵头时调高或调低水温。

细节 3：用浸泡的方法

我的面包房中所有的发酵面团——面包、比萨、可颂或者布里欧修面团——都使用了浸泡的方法，即将配方中的面粉和液体搅拌混合后静置 15 分钟，也可能是 20 ~ 30 分钟，再加入盐、酵母、天然酵种或者酵头，最后制成最终面团。浸泡可以使面粉更充分地吸收水，并激活面粉中酶的活性。例如，淀粉酶会将面粉中的碳水化合物分解成单糖，以供酵母食用；蛋白酶可以将面筋降解为蛋白质，使面团更易拉伸。

"浸泡"这一技术是由法国烘焙界的标志性人物雷蒙德·卡尔韦尔教授在 20 世纪 70 年代中期第一次应用于烘焙领域的，他发明并改进了这一技术。在他的《面包的口感》（ *The Taste of Bread* ）一书中，他写到了如何改进因商业化生产而搅拌过度和氧化过度的面团。卡尔韦尔致力于传授法式面包的烘焙技术，并保证法式面包的品质——从 20 世纪 50 年代之后就一直在下降。浸泡可以使和好的面团在较短的时间内发酵，减少氧化，提升面包的味道。过度搅拌和氧化并不是家庭烘焙中的一个重要问题，它只是和面机出现后机械化和商业化生产加速的副产品。然而，浸泡在家庭烘焙中也是非常有用的，它能增加手工制作的面团中面筋的含量，这样不仅能使面团更好地包裹住气体，而且能使面包的体积更大。手工和面时你可以很明显地感觉到浸泡过的面团与没有浸泡过的面团的不同；经过浸泡制成的面团的结构与一气呵成制成的面团的结构不同，如果不进行浸泡的话，面团发酵以后才能具有那样的结构。

浸泡还可以增加面团的延展性。延展性指的是面团受到拉伸时保持形状而不会回弹的能力。这在本书的配方中并不是一个很重要的问题，因为所有配方中的面团都具有较高的水化度（意思是含有许多水）。但是，浸泡法在经常烘焙一些较硬面团的面包房更适用。设想一下，如果要在一定时间内给成百个弹性特别好的法棍面团整形的话——那可真是一场噩梦啊！用高筋面粉制作的面包面团也具有较强的弹性，因此浸泡也是非常有帮助的。

当我提议使用卡尔韦尔介绍的传统浸泡法时，一些人会注意到当配方中使用最近比较流行的快速酵母粉时，它也需要浸泡。这样做的好处就是，当制作最终面团时，酵母粉同时也会吸收充足的水分，这样会使发酵更具有活力。如果你想尝试这种方法，不要让浸泡的时间超过 20 分钟。一旦面团中的酵母菌被激活（如果不放盐的话），酵母菌就会繁殖得非常快，这样面团就不会有长时间缓慢发酵所产生的芳香口感了。

细节 4：制作一块松软的湿面团

　　湿面团应该是什么样子的？大家说法不一。与比较经典的做法相比，我更喜欢用水分较多的面团做出的面包和比萨的味道和组织。许多优秀的烘焙师跟我的观点一样，其中包括许多我曾经跟着学习过面包烘焙技术的人。我的经验就是要在面团中多加一点儿的水，使面团的水化度达到 75% 而非 70%，这样面团中就能产生更多的气体，如果发酵的速度并不是很快，这些气体就能使面包具有更多的味道。然而，这些湿面团非常松软，必须要做一些处理才能保持其形状，否则它们很快就会塌陷。与硬面团相比，它们也比较黏，较难用手处理。

　　面包面团还有一个特征参数叫强度，它是指面团保持其形状的能力。当将面团放到烘焙师的工作台上或者厨房的案板上时，具有较大强度的面团会保持其高度。当然，这种面团也具有一定的韧度和弹性。相反，又湿又黏、强度又小的面团就比较松软，而且还很容易像一团面糊一样塌下来，当你用其制作面包时，它很难保持形状。所有的这一切都说明，硬面团比湿面团能更好地保持形状。

　　但是必须注意到一点：在发酵过程中，湿面团能比硬面团产生更多的气体和香味，这样就能制作出味道更好的面包。当制作面包的面团恰到好处时，面包具有更轻盈的组织，并且还有一些大的孔洞。相比较而言，由硬面团制成的面包则比较密实。因此，我们要解决的问题就是如何制作一个湿面团同时使它有足够的强度以保持形状，并且能够包裹住发酵过程中产生的气体。虽然一些烘焙师会用非常少量（用千分数来计算）的维生素 C 来增大面团的强度，我却更喜欢用折叠的方法来达到这一效果。通过折叠，我可以使面团达到它所需要的强度，至于需要将面团折叠几次则取决于发酵之后面团的膨松程度。

　　在我教授的手工烘焙课中，我最喜欢的部分就是用手折叠用白面粉制作的、水化度为 80% 的超级湿面团。它看起来一点儿也不像是用来制作面包的面团，而更像一团面糊。我拿着这个面团在教室里转了一圈，让每个人都能看清它。所有人不约而同地说，如果他们制得的最终面团是这样的，他们一定会觉得自己做错了，他们会扔掉这团"垃圾"或者多加面粉。接下来，我通过折叠面团 30 分钟证明了面团可

什么是折叠？

　　折叠是使湿软、高水化度的面团增大强度的一种方法。简单来说，折叠是指一次拉起一部分的面团，拉伸至断裂临界点，然后折到面团顶部。在发酵的过程中重复折叠几次会使面团中产生面筋，以包裹住发酵过程中产生的气体。（想了解更多关于折叠的知识，请参见本书第 73 ~ 74 页。）面筋网络的结构越错综复杂，面团的强度就越大。

　　在商业烘焙房中，面筋网络的形成主要依靠和面机。高速、长时间的搅拌可以使面团变得更加紧实。在这一过程中，形成面筋的蛋白质会被重复拉伸，再折叠，形成三维结构，从而使面团具有抗拉强度。这样的面团发酵起来更快，能使面包制作速度加快，但却不利于产生好的味道和品质。搅拌强度越低形成的面筋网络的结构就越松散。为了弥补这一点，优秀的烘焙师会在发酵过程中进行折叠。

　　我们什么时候要进行折叠呢？由于面筋网络的作用之一是阻止气体逸出，因此绝大多数的折叠是在发酵的早期进行的。面团中形成的其他气体也会增加面团的强度。随着气体膨胀，面筋网络也在被拉伸。折叠可以使面团包裹住尽可能多的气体。

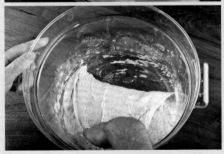

也就是说，在分割、整形前 1 小时对松弛的面团进行最后一次折叠并非毫无道理。虽然本书配方中的面团需要 5 小时甚至更长的时间发酵，但还是需要为折叠预留额外的时间，我建议在制成最终面团 10 分钟后，就可以进行第一次折叠。当上一次折叠的面团完全松弛之后，就可以进行下一次折叠了。

　　面团究竟需要折叠多少次呢？这取决于最终面团制作完成时究竟有多湿、多黏。手工制作的面团中形成的面筋网络非常松散，所以在发酵前 1 ~ 2 小时内需要折叠 3 ~ 4 次，以使面团形成使面包组织轻盈的面筋网络。

　　本书中的配方将会向你建议折叠的时间和次数，而且通常会将其限定在一个范围内，如折叠 3 ~ 4 次。然而，我不想让你过度严格地遵守这些规定。制作面团时，你在折叠之后可以清楚地看见面团物理结构的改变。以你的观察为准，如果你想多折叠一次也可以。

湿面团　美国手工烘焙界欠缺许多专业术语的定义。当我想到湿面团或者高水化度面团时，那就意味着一块松软的面团，而且需要通过折叠来增大强度。我们不能用水化度来定义湿面团，因为水化度取决于配方中使用的面粉种类。如果只使用白面粉，水化度为75%就已经是湿面团了，或者从一定程度而言是松软的面团，水化度为80%就是高水化度面团了。但是，如果使用的是全麦面粉，水化度为75%只能做出硬实的面团，因为全麦面粉比白面粉的吸水性更强。要想用全麦面粉制作湿面团，则水化度至少需要达到82%。另外有趣的一点是，

法式乡村面包（第144页）面团在水化度达到78%时就可以进行第一次折叠了

美国的全麦面粉要比法国或者意大利的全麦面粉吸水性更强，而且形成面筋的蛋白质的品质也不同。（我没有用过德国或者欧洲其他国家的面粉，所以我也不能做更多的评判。）我的结论就是，法国的湿面团可能比美国的湿面团少5%的水分。

以很紧实，并且开始看起来像是制作面包的面团，虽然在这一阶段折叠这种又湿又黏的面团时要用湿手来操作。

使用高水化度的松软面团是制作出内部轻盈、孔洞较大的优质面包的唯一秘密。你仍然需要让面团充分发酵，不论是在发酵的时候还是在整形之后。如果太早烘焙的话，面包会非常密实。

细节5：保证充分的发酵

细心的读者会发现，本书中的许多配方在描述面团发酵时，面团的体积远远超过了经常说的"变成原来的2倍"。在本书中，更加常见的是面团的体积变成原来的3倍。面团膨胀的程度取决于面团本身。由于湿面团中能产生更多的气体，因此湿面团比硬面团膨胀的程度更大。最佳味道的产生需要有足够的时间使面团进行生化反应。每一个配方都有属于它自己的理想时间表。你必须要保证给予面团足够的发酵时间。如果太匆忙的话肯定会失败的。

细节6：轻柔地对待面团

许多烘焙爱好者把揉面看成了一项体力活，认为揉得越用力，面团就越好。然而，我们不那么做。最终面团和好之后，就要轻柔地对待它，并且要贯穿面包制作的整个过程：折叠、从面盆中取出、分割、整形、从发酵篮中取出、烘焙。这样做有助于保护面筋结构，包裹住里面的气体。

折叠时，拉伸一部分的面团直到拉不动，但是千万不要拉断。当把面团从面盆中取出放到撒有面粉的工作台上分割、整形时，需要先在面盆边缘撒上一些面粉，然后将蘸过面粉的手伸到面团底部，轻轻地取出面团，放在工作台上。

在我的面包房中，我们通常不会在分割和整形前按压面团排出气体。我比较喜欢让面团包裹住里面的气体和面团里合成的各种味道。在分割面团时，先要沿着分割线撒一层面粉，然后用切面刀或者其他有锋利边缘的工具将面团切开——甚至可以是宽金属抹刀的边缘。如果直接将面团拉断的话，就会破坏面筋结构。整形时，不要过度拉伸面团，以免将面团拉断。发酵篮中要撒入足够的面粉，这样就能防止面团和发酵篮粘到一起，如果面团确实很黏，将面团从发酵篮中取出的时候动作也要轻柔。即便是将醒发好的面团转移到经过预热的荷兰烤锅中时，也要轻拿轻放。我用手掌而非手指尖拿面团，这样压力就会分散到比较大的面积上。

细节7：醒发至完美点

面团整形之后还要经历最后一次发酵，即醒发。这一过程可以在任何地方进行，需要1～6小时，具体取决于面团温度和环境温度。就像在发酵时你可以将面团放入冰箱或者延缓室中以减慢面团发酵的速度一样，你也可以将整形完毕的面团冷却以延长醒发过程。无论是在发酵阶段还是在醒发阶段（二者不会同时进行），对肯的手工面包房来说，延长发酵时间都是我们所追求的使面包具有丰富口感的关键要素。这也能帮助我们控制好时间，在我们清早进入面包房的第一时间就能烘焙整形

测试限度

　　最终，我想找到我所制作的每一种面团的限度。什么时候它醒发过度了？醒发过度时面筋的物理结构会开始瓦解，已经不能包裹住气体了，而且面团会塌陷。下一次制作那种面团时，我会在那个点之前停止。对发酵而言，我也使用相同的方法去探索什么样的时间和温度的结合会超过限度。什么是超过限度？我不知道。让我们明天多用一些时间，看看会发生些什么。在每一步中找到限度会使最终制成的面包截然不同。有时，在变量发生改变的情况下，你只能通过重复的实验和仔细观察来看看发生了什么。我发现，我所制作出的最好的面包均源自找到限度，然后回撤一点点——这样就足够了，不要太多。

完毕的面包。

　　对烘焙爱好者来说，将很大的一个面团在冰箱中放一夜是很难做到的，因为我在本书中用的是 12 夸脱的面盆。而将整形完毕的面团放入冰箱中就变得非常简单了，因此在本书中，面团只是在醒发阶段才放入冰箱。这样做不仅可以提升面包的味道，更好地保持酸给面包带来的良好品质，还可以让你在第二天早晨做的第一件事就是烘焙面包。这真是开启一天美好生活的好方法。

　　制作面包的时间安排：下午和面，再按照配方中的要求将面团在室温下进行发酵（通常要 5 小时左右），然后在晚上给面团整形。将面团整形完毕之后，就要立刻将其包起来以防变干，再放入冰箱中。第二天早晨烘焙时，这些经过冷藏的面团并不需要回温。我将面团从冰箱中取出来后，就直接进行烘焙了。

　　找到醒发"完美点"也是非常重要的。不要让你的面团醒发过度，也不要让你的面团醒发不足。手指凹痕测试法（在本书第 78 页有详细描述）是一个非常不错的检查方法。用手轻轻按一下面团，如果凹痕回弹得非常慢，就说明现在面团就处于最佳醒发状态。当面团还在发酵篮中时，你就可以使用这一方法了。如果你把面团从发酵篮中取出来时面团塌陷了，那就说明面团已经醒发过度了，它在烘焙时已经不能膨胀到应有的体积了，如果早点儿将面团从发酵篮中取出，结果就不会是这样了。天然酵种面团的醒发"完美点"能保持较长的时间，因为它们发酵的活性较差，而且过程也比较慢，也许这是因为其中含有更多的酸。使用商业酵母制作的面团的醒发"完美点"保持的时间则比较短，有时只有短短的 10 ~ 15 分钟。

细节 8: 烘焙至深棕色

烘焙任何面包的目的都是使面包具有最大的烘焙弹性、理想的味道并且让表皮以及内部烘焙充分。我喜欢又薄又脆，而且有一点儿韧性的表皮。如果烤箱的温度过高，那么表皮在面包内部还没有熟时就烘焙好了。如果烤箱的温度过低，那么表皮就会过厚，而且易碎。表皮的特点也与面包的种类有关。天然酵种面包的表皮要比法棍的表皮更有嚼头。要使面包具有完美的表皮就要使面团充分发酵，还要有合适的烘焙温度和适量水蒸气，而且不要将面包从烤箱中过早地取出来。

我们在这里推荐你用荷兰烤锅烘焙面包，面团在烘焙的过程中会向密闭的空间释放水分，这样就能产生足够的水蒸气了。学会如何使用烤箱烘焙是十分关键的。许多家用烤箱都没有经过精确地校准，因此烤箱内的实际温度可能与你设定的不同。其实只需要用一支便宜的烤箱温度计就能将温度设定为你需要的温度了。本书中绝大多数的面包配方都要求将荷兰烤锅的盖上盖子烘焙 30 分钟，再打开盖子烘焙 20 分钟或者更长时间。如果你的面包在 30 分钟之内就熟了，那么就说明你的烤箱温度过高；如果烘焙需要 1 小时，那么就说明你的烤箱温度过低。最好是将面团放到烤箱中层的烤架上，如果位置太低的话，面团的底部就会被烤焦，因为许多家用烤箱底部温度最高。

除了又薄又脆的面包表皮之外，我喜欢烘焙充分的面包，表皮颜色会从金色到深棕色再到赭色。面包表皮变深是因为产生了焦糖反应，这种反应所产生的复杂味道能微微渗入面包内部。许多烘焙师都知道美拉德反应——这是在烘焙中使面包表皮颜色加深的化学反应，与此同时也会产生独特的味道和香味。美拉德反应不仅发生在经过充分烘焙的面包表皮上，而且也会发生在红肉和其他食物的表皮上。

问题检查

当面包房中的面包出现问题时，我就会问自己许多问题以找到哪里出错了以及要进行什么样的调整才能确保类似的问题不再出现。这对每一位优秀的烘焙师来说都是正常的。随着时间的推移，事物会发生变化，这时我们就需要进行调整。无论面包品质多好，我也会问自己相同的问题，来看是否可以做一些改进。

· 面团温度：面团和好后，面团的温度应该是多少？这是面团的目标温度吗？

指导原则

下面总结了几条指导原则，希望可以帮助大家制作出高品质的手工面包。

——要将时间和温度看作"原料"，并且要清楚二者之间的关系。

——用秤称量所有原料的重量（用量非常少的酵母除外，因为在这种情况下用小勺量取可能会更加准确。）

——在制作最终面团前要进行浸泡程序。

——用温度计测量面团的温度，学会如何使最终面团达到理想温度。

——用水量要比传统配方中要求的多。

——学会如何处理黏黏的面团。

——折叠湿面团以增加其强度，使其能够保持形状。

——控制发酵以使面包具有最好的口感。

——烘焙面包直至其表皮变成深棕色。

——记录面团温度、发酵时间以及其他制作过程可以改进的细节。

——将整形完毕的天然酵种面包的醒发时间延缓至 12 小时以上，或者进行更长时间的整夜发酵。

· 发酵时间：面团需要多长时间才能膨胀到配方中所描述的大小？这段时间太长还是太短？

· 折叠：对面团的折叠是否充分？

· 室温：比平时的温度高还是低？

· 酵头的情况：开始制作面团时，酵头（波兰酵头或意式酵头）是还未完全发酵好、已经发酵过度，还是刚刚好？

· 面团的强度和水化度：面团的手感是否正好？它是否已经达到了平时的体积并且产生了应该产生的气体？面团是否太黏或太硬？

· 量取：是不是量取过程中出现了问题？要达到预期效果就必须精确量取每一种原料，尤其是盐和酵母。在家庭烘焙中要时刻牢记配方中用量非常少的酵母（如 1 ~ 2 克）需要用精确度非常高的仪器量取，或者转化为用体积量取（如小勺）。

· 完全发酵：面团是否还未发酵完全？还是已经发酵过度？

· 适当烘焙：烤箱温度是否合适？水蒸气的量是否合适？烘焙时间是否合适？

· 面粉：我们使用的是否是新面粉？即便是在同一个地方买的相同品牌和类型

的面粉，也会因收割情况、天气情况、研磨日期和其他因素不同而不同。面粉发酵快慢不同，吸水性不同，这些都会对配方的用水量产生影响。

烘焙百分比

几年前，我在保罗·博谷斯学院跟随雅内-马克·贝托米耶学习的时候，我对他能够瞬间记住许多不同面包配方的能力印象深刻。一名法国烘焙师首先要学的就是烘焙百分比，这对理解配方而言是关键性的基础。

雅内-马克的所有配方都是以 1000 克面粉为基础的，这在法式烘焙配方中是标准配置。他的所有面包配方都是从一个简单配方改变而来的：1000 克面粉、680 克水、20 克盐和 20 克鲜酵母。按烘焙百分比来说，这个配方就可以描述成：100% 的面粉、68% 的水、2% 的盐和 2% 的鲜酵母（请注意：3 克鲜酵母与 1 克快速酵母粉的发酵效果相同，所以这就约等于 6 克快速酵母粉）。总体而言，以上所有原料都要浸泡20 分钟，最终面团的温度为 24℃，在室温下发酵 1½ 小时，再经过整形、醒发 1小时后进行烘焙。然而，使配方发生变化的就是所使用的面粉的种类，而且水的用量和面包的形状也会带来些许不同。

理解烘焙百分比

按照烘焙百分比，配方中所有原料都可以根据面粉的总重量来进行百分比换算。一般而言，面粉（包括混合面粉）的总重量被看作 100%。如果配方中面粉的用量是 1000 克，水的用量是 700 克，水的重量就达到了面粉的 70%。同样，配方中盐的用量是 20 克，其占到了面粉重量的 2%，酵母也占同样的比例。这样就能使人们更加方便地调整配方中原料的用量：无论面粉的用量是多少，其他原料都会被简单的定义为面粉重量的百分比，而不用考虑面粉的实际用量究竟是 500 克还是5000 克，本书中的任何一个面包或者比萨配方都向读者提供了烘焙百分比，还有每种原料的精确用量。

你会发现每种原料的体积测量数据并没有与烘焙百分比相对应。这是因为体积转换并不是非常精确（第 29 页）。如果你对烘焙百分比非常感兴趣，你就一定要用重量来量取原料，而非体积。毕竟，2¾ 量杯面粉的 70% 究竟是多少我们很难掌握。现在你是否觉得，买一台厨房秤就能将问题变得非常简单了。

因为可以用相同的原料比例来制作大面包和小面包，所以雅内-马克将配方中原料的用量加倍、减半或者翻5倍，都能制作出品质相同的面包。不管实际用量的多少，通过称重量的方法量取的原料之间的比例是保持不变的。

理解配方就要先掌握各种原料重量的比例。这也是掌握雅内-马克关于面粉、水、盐和酵母比例的关键。如果有人将制作面团描述成白面粉和70%的水，我马上就能根据经验知道面团是什么样的，摸起来感觉如何。用公制重量单位来计算是非常简单的。3磅（1磅≈453克）的2%是多少，5盎司（1盎司≈28克）呢？大家肯定都会沉默不语。1500克的2%是多少？30克！按照这里介绍的配方来操作就不用进行计算了，但是要注意到烘焙百分比会因面粉的不同而不同，如果面粉的吸水性比较好或者比较差，那么就需要适当调整面团中水的比例，并且你也要清楚你在做什么。

比较配方

掌握本章介绍的任何一个细节都会对最终制成的面包产生重要的影响，事实上，面包的很多不同很少取决于原料，而是取决于制作技巧——是否使用这些技巧以及这些技巧是如何使用的。上述这些因素都会反映在配方中，因此知道如何比较配方就变得非常有用。当我看到一个配方的时候，我脑子里会出现许多问题："它与我知道的其他配方有什么不同？使用了哪几种面粉？使用的是哪种酵母，用了多少？水化度是多少？水温是多少？这是一种发酵面团的新方法吗？哪些温度才是制作面团、发酵以及醒发的特定温度？面团发酵需要多长时间？"

两个看起来非常相似的配方实际上可能截然不同。我们在评价配方的时候，一定要时刻考虑酵母用量、面团温度以及发酵时间之间的平衡。到底是要面团温度高少用酵母，还是要面团温度低多用酵母？

为了理解这个问题，请大家参见整夜发酵白面包配方（第93页）。从表面来看，这个配方与吉姆·莱希著名的免揉面包的配方非常相似。但是，让我们再深入了解一下。这种比较并不是要评价哪种方法或者哪种面包更好，而是因为这是一件非常有趣的事。当我们只是瞥一眼这些配方的时候，它们看起来非常相似：在晚上轻松悠闲地将一块软面团与少量酵母混合，第二天早晨给面团整形，一两个小时后用荷兰烤锅烘焙。然而，当你用烘焙百分比来比较我们所用到的原料的比例时，或者当你比较特定的水温时，就很容易发现不同之处了。与吉姆·莱希的配方相比，从原料来看，我的配方用的酵母要少 2/3，用的水要多 3%，水温也要高 17℃，这样最终制得的面团的温度将会高 10℃左右；技术上的不同是我的配方需要一定的浸泡时间，而且会特意进行两次折叠，最好是在面团和好后的半小时和一小时各进行一次。我的配方的工作量会多一点儿，但是也不会多太多。

我写了与莱希先生著名的面包配方相比较的文章，来展示当你比较配方中烘焙百分比、温度和时间的时候，配方中的不同很容易被看到和理解的。我的配方的时间安排与莱希先生的是相同的，但我的配方只使用了很少的酵母，而且水温也比较高，这就是酵母用量和面团温度之间关系的最好说明。我的面团由于折叠多次，因此会具有较大的强度。我的配方显示了我喜欢用少量酵母制成的温度高、湿度大的面团所产生的味道。

2L — 2 qt.

第三章
工具和原料

本书中的工具和原料都非常容易买到。或许你已经有了所需要的绝大部分或者全部原料；如果你没有的话，购买它们也很容易。就工具而言，我确实可能会用到一些你没有的，所以让我们先来看一看会用到哪些工具吧。接下来，如果你需要去购买工具，那就赶紧去买吧，这样我们就可以动手做面包了。

工具

你只需几种特定的工具和几样厨房用品就能按照本书中的配方制作面包了。或许你已经有几样了。任何你没有的工具都可以从网上、厨具店或者餐厅用品店买到。本书所有的配方都要求用手和面，所以你并不需要购买和面机。

大面盆

你需要一个 12 夸脱的带盖面盆，这样你不仅可以用手和面，还可以给面团发酵提供足够的空间。我推荐金宝透明 PC（聚碳酸酯）面盆，型号为 RFSCW12。这种面盆在亚马逊网站上有售，而且在绝大多数餐厅用品店里也能买到。

选择其他品牌的面盆也可以，只要保证它是食品安全型材质就可以了。最重要的是面盆的大小，面盆要足够大以便你能在盆中混合原料和折叠面团，而且当面团发酵之后，面盆也得能盛得下面团。圆形面盆可以更好地容纳原料，相反，方形面盆的边角容易粘住原料。最好用透明面盆，这样你就可以清楚地看到发酵过程。当然，你也需要面盆盖以防长时间发酵过程中水分流失。

　　一个 12 夸脱的大面盆的好处是你可以在里面进行任何操作：混合原料、和面以及折叠面团。在最后阶段（分割和整形）之前，你都不需要将面团转移到工作台上。使用面盆可以让面包的制作过程更简单。我发现 12 夸脱的面盆还有其他用途，比如可以用来腌鸡，也可以用作冰桶冰镇啤酒或者葡萄酒。

　　如果你的厨房里有大小和形状接近 12 夸脱面盆的工具（圆形，直径约 25 厘米，深约 20 厘米，有盖子），你也可以试着用它和面。虽然较小的面盆也可以用，但用手在里面和面就不太方便了，而且面团必须从面盆中取出才能折叠。

小面盆

　　你还需要两三个 6 夸脱的带盖子的面盆，可以在里面放天然酵种或者制作波兰酵头或意式酵头。在这里，我要再一次推荐金宝透明 PC 面盆，在卖 12 夸脱面盆的地方就能买到。如果你已经有天然酵种了，那么你只需要两个盆来制作波兰酵头或者意式酵头就可以了。在我对本书的配方进行测试时，我一次只用到了一个盆。

荷兰烤锅

　　本书配方中所有的面包都是在 4 夸脱的带盖荷兰烤锅中烘焙的。在家里用预热过的荷兰烤锅烘焙能制作出超级棒的面包，看起来跟有名的烘焙房中做出来的一样。虽然绝大多数荷兰烤锅的耐热温度可以达到260℃，但像酷彩荷兰烤锅的把手在高温下有可能会熔化。你可以用酷彩金属把手来替换，也可以从五金用品店购买便宜的钢把手来替换。

洛奇和爱美亨利的荷兰烤锅也非常有名，价格便宜，质量不错，而且我就是用这两个品牌的锅来测试本书的配方（它们全都有耐热把手）。如果你已经有一口合适的荷兰烤锅了，但是你不知道烤锅的容量究竟是多少，你可以用往锅里倒水的方法来测量一下。我的烤锅顶部直径为25厘米，深10厘米。如果你有一个5夸脱的荷兰烤锅也可以，面团在那里面的膨胀程度要大于在4夸脱的烤锅中的。因此，5夸脱的荷兰烤锅里烘焙的面包会比较扁，高度不会像图片中展示的那么高。用5夸脱的荷兰烤锅烘焙的面包顶部也不会像用4夸脱的荷兰烤锅烘焙的那样裂开，因为当面包在烤锅中膨胀时，竖直方向上的压力不够，但你也能做出不错的面包。所以，为何不利用你已有的工具，让其发挥作用呢？顺便说一句，本书中的所有配方都能制作两个面包，因此如果你有两口荷兰烤锅的话，你就可以同时烘焙两个面包。否则，你就只能分两次来烘焙面包。

厨房电子秤

我已经不必再强调用称重量而不是量体积的方法来量取原料的重要性了（第29页）。因此，厨房电子秤就显得十分有必要了。一般它能测量的最大重量为2千克，而且可以精确到克。在读数的过程中，也要去掉放在厨房秤上的12夸脱的大面盆的重量（这样可以直接测量出倒入面盆的面粉和水的重量）。如果12夸脱的面盆放在厨房秤上挡住了示数，可以将面粉或水放到较小的面盆中称量，再倒入12夸脱的面盆中。

可以精确到0.1克的秤可以用来称量酵母，但并不必要，因为我们可以用小勺来量取。

我要推荐的厨房电子秤的品牌是奥秀。它读数非常方便，而且我也用它称量过本书所有配方中的原料。它在亚马逊网站上有售，在厨具店里也能买到。只需不到25美元，你就能买到一台不错的厨房秤了。

快速检测探针温度计

快速检测探针温度计可以确保和面所用的水温度合适，并且能测量制得的最终面团的温度。除此之外，它还能做其他工作，我的温度计经常被用来测量煮肉时肉的温度。我推荐泰勒和 CDN 这两个品牌的温度计，它们的价格大都在 20 美元以下。

发酵篮

发酵篮用来盛放已经整形完毕的面团，供其发酵膨胀，或者供其醒发。由于本书中所有的面包都是在 4 夸脱的荷兰烤锅中烘焙的，你只需一个尺寸的发酵篮就可以了：顶部直径为 23 厘米，深 9 厘米——或者其他与你的荷兰烤锅的形状相匹配的发酵篮都可以。如果你买的是螺纹柳条筐，就可以用一辈子。衬有亚麻布的发酵篮也是一个不错的选择。本书中的所有配方都用弗里林发酵篮进行过测试。玛特菲也是一个不错的品牌。你也可以自己制作发酵篮，只需在一个与发酵篮直径相近的碗里撒上面粉，再铺上无绒茶巾就可以了。

其他物品

很明显，你得有一副烤箱手套来操作热荷兰烤锅。一定要确保你买的手套能经受得住 260℃ 的高温。另外，手边还要有烤箱温度计，因为你要确保家用烤箱确实能够达到你所设定的温度。我的烤箱的实际温度一般会比设定的低 15℃，因此当我将温度设定为 260℃ 时，它实际的温度只有 245℃。由于这些配方中酵母的用量非常少，因此很难用秤精确地测量出来。在极个别情况下，你可以用 1/16 的小勺来量取。这些物品都容易买到（亚马逊网站上均有销售），因此我推荐你购买这些物品。最后，当你将面团整形完毕之后，你还需要用一些东西盖住发酵篮，这时可以用厨房毛巾，不过我比较喜欢用塑料袋，它可以让面团在冰箱中进行整夜发酵而不会变干。我们也可以重复利用干净的购物袋来达到同一目的。

比萨工具

在家里制作比萨的方法有很多种，我也会在第十二章中介绍几种方法。比萨石的制作效果最好，它们在很多地方都能买到，而且只需 30 美元左右。如果你已经使用了比萨石，那么你肯定也需要比萨板来帮助你迅速（轻松地）将比萨转移到热烤箱中。我比较喜欢木制比萨板，直径为 35 厘米的适用于家用烤箱。

如果你不想买比萨石和比萨板，但是你还想试着按本书中的配方来制作比萨，那么你也可以用中号耐热平底锅来制作厚底比萨。我用9英寸（1英寸≈2.5厘米）的铸铁煎锅也做出了不错的比萨。

原料

本书的主要目的在于教大家仅用4种原料——面粉、水、盐和酵母做出极棒的面包和比萨。有很多好吃的面包里有坚果、全麸谷类、水果干、牛奶、黄油、香草或者奶酪（我在巴黎面包房的时候就做过不错的格吕耶尔干酪面包）。但是在我的观念中，烘焙手工面包的真正技艺在于只用到4种基本原料。当然，如果你只用这几种原料，那么原料的品质就至关重要了，所以让我们来看一下这4种基本原料，然后仔细地研究一下它们。

面粉

强调一点，温度对面包制作来说是一个极为重要的因素，因此在制作本书配方中的面包时都要使用室温面粉。除此之外，我对面粉还有以下几点要求：要使用质量最好的面粉，可以从外观和面包口感两方面来评价面粉的质量，另外面粉中蛋白质的含量最好为11% ~ 12%。然而，蛋白质含量很少在面粉袋上标明，但是一些品牌会把这些信息放到公司网站上。这些蛋白质含量较低的面粉与法国和意大利手工烘焙房中使用的面粉有许多相似之处，它们都能经受长时间发酵，并且形成的面包表皮既好吃又容易消化。由它们做成的面团不那么硬实，而且柔韧性好，由此制成

左起：全麦面粉、中筋面粉（白面粉）、黑麦面粉

小麦面粉

面粉是由小麦麦粒磨碎制成的。麦粒由三部分组成，它们在现代研磨工序中会被分开。

——胚乳：由淀粉和蛋白质组成，约占麦粒重量的84%。

——麸皮：约占麦粒重量的13%，是麦粒的表皮，包裹在胚乳和胚芽外面起保护作用，包含了不溶于水的纤维和麦粒里绝大部分的矿物质。

——胚芽：也是麦粒的一部分，含有小麦的遗传物质，约占麦粒重量的3%，包含了麦粒中所有的油脂，带有香味。

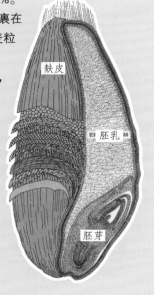

全麦面粉是由磨碎了的整颗麦粒制成的，而白面粉只磨碎了胚乳。我不明白为什么人们说"小麦面包"时指的是全麦面粉制成的面包，白面包也是由小麦面粉制成的呀。令人更加困惑的是，还有一种白皮全麦面粉，它是研磨白皮春小麦制成的全谷物面粉。（大多数面粉是用红皮冬小麦研磨成的。）白皮全麦面粉的营养价值与普通全麦面粉的大致相同，但是味道更柔和一些。

的面包的内部具有开放式的孔洞，而且在烘焙的过程中，面包表皮会开花。

一般来说，标有"面包粉"的面粉，蛋白质含量都比较高——大约为14%。相比较而言，标有"中筋面粉"的面粉，比如亚瑟王有机中筋面粉，其蛋白质含量为11.8%，这也就是他们所说的"欧式炉火面包的理想面粉"，而且我也同意这一说法。在我的面包房和比萨店里，我们使用牧羊人谷物低筋面粉来制作面包面团和比萨面团（请参见本书第58页的短文，里面有关于牧羊人谷物面粉的介绍）。它的蛋白质含量约为11%。你可以多尝试几种面粉，来看看你究竟喜欢哪一种。

我推荐大家使用奶油色的、未经漂白的面粉。漂白是处理面粉的一种方法，能除去面粉里的类胡萝卜素使面粉变白——这一过程也会除去面粉中的部分香味。不过在市场上人们喜欢更白的面粉而不是更有香味的面粉。

传统的面粉生产

过去，准确地说是在 19 世纪之前的 5000 年，收获的小麦是由人工脱粒的，然后通过石磨加工成面粉。这真的是一项辛苦的工作！无论使用的是毛驴拉动的还是风力或水力驱动的石磨，制成的都是全谷物面粉。有时，用螺栓固定的筛子或滤网可以去掉一些甚至是绝大部分麸皮。剩下的面粉主要就是胚乳、磨碎的胚芽以及少量麸皮的混合物。

我要说这些是因为我作为一名烘焙师的最初目的之一，就是要制作高品质的乡村面包，它们与史蒂文·卡普兰在《巴黎的烘焙师和面包问答》（*The Bakers of Paris and the Bread Question*）一书中所描述的旧式面包或者用传统方法制作的面包一样。这款面包是普瓦拉纳和我心目中的其他烘焙偶像在巴黎制作的面包，他们使用的面粉是由手工磨坊磨制的，比如著名的德科洛涅-勒科克磨坊。用石磨磨碎并过筛的面粉包含了胚芽和白色的胚乳，具有细腻的焦糖色。虽然我们在美国没有那样的磨坊，但我从查德·罗伯逊那里得知，为了使面包的品质与我想象中的旧式法式乡村面包相似，可以往白面粉中掺入少量全麦面粉或者磨碎的小麦胚芽，还要使用甜天然酵种，并且要采用长时间、缓慢的发酵方法。

面筋和酶的作用

用小麦面粉能制作出如此好吃的面包的主要原因就是其中含有能够形成面筋的关键成分——蛋白质。小麦家族的其他成员——比如，斯佩尔特小麦和卡姆小麦——里面也含有能形成面筋的蛋白质。此外，黑麦、青稞以及黑小麦（黑麦和小麦杂交的产物）中也含有这些蛋白质。小麦形成的面筋要比黑麦和青稞多得多，这样就能包裹住更多的气体，所以用小麦面粉能制作出更轻、更多孔洞的面包。

小麦和黑麦里的另一种关键成分就是淀粉酶。当向这些谷物制成的面粉中加入水时，淀粉酶就会被激活，接下来它就开始将胚乳中的多糖分解成单糖以供酵母"食用"。酵母发酵时会产生大量的气体，而这些气体会被由蛋白质形成的面筋网络包

面筋　面粉中的两种蛋白质（麦谷蛋白质和麦胶蛋白质）组成面筋。当将水和面粉混合到一起制作面团时，这些蛋白质就会形成相互连接的面筋链。水可以让面筋链拉伸，混合和折叠面团可以拉长面筋链，并且形成能包裹住发酵产生的气体的结构。面筋不断扩张并包裹住面包中能产生味道的气体，面团就会膨胀。增加面筋结构的复杂程度可以增加面团的复原能力，这就是烘焙师所说的强度。

裹住，从而使面团膨胀。如果小麦和黑麦里没有能够形成面筋的蛋白质和酶，我们所吃到的面包就会像饼干一样了。虽然你在开始制作面包时并不需要知道这些信息，但知道用小麦和黑麦是如何制作出天然酵种面包的也是非常有趣的。

水

要使用饮用水。这里的关键因素是水温，整本书中都对此进行了详细介绍。

盐

烘焙用海盐或者矿盐都可以。犹太盐是最好的，但是这种盐的溶解时间要长。不要使用碘盐，因为碘会抑制发酵，而且面包尝起来会有碘味。由于盐颗粒大小不同，用体积量取就显得不准确。所以，称重量就成了一种非常不错的方法。我推荐使用上好的海盐，因为它在面团里溶解得很快。在家里手工制作面团之前，我都会先将粗粒海盐放入咖啡机中磨碎。如果这样做的话，你一定要将机器中残留的盐擦干净，否则就可能导致机器被腐蚀。

盐会减慢面团的发酵速度。意大利无盐面包就以它的快速发酵（以及它们温和的味道）而著名。法式面包配方中盐的标准用量为面粉用量的 2%。现在面包的含盐量普遍为 1.8% ~ 2.2%。有时我会放入 2.2% 的盐以获得我喜欢的味道，多加盐会增加高水化度面团的强度。

商业酵母

本书中的所有配方都需要速溶干酵母。在便利店中，你可能会找到 3 种这样的酵母：活性干酵母、即溶酵母粉和快速酵母粉。所有这些酵母都来自同一种物质：酿酒酵母，不同的是它们的包衣、制作方法以及它们的作用。在我的面包房中，我们使用的是燕牌快速酵母粉。我推荐你买 450 克包装的这种酵母，它在亚瑟王面粉网站和亚马逊网站有售，在其他地方也能买到。如果在冷藏室中真空保存，它可以保存 6 个月。不要将它放到冷冻室中，因为冷冻会使一小部分酵母丧失活性。

在我的绝大多数配方中，干酵母并不需要先化开。这些面团里本来就有大量的水，所以酵母能很快地溶解在面团里。只要将它们撒到面团上，在你和面的过程中，酵母就能与面团结合了。然而，你要注意这在手工和硬面团时并不适用。我所采用的方法是，如果面团的水化度为 70% 或者更低，那么酵母就需要先化开。这样做看起来可能很武断，但是要考虑到手工和面要比机器和面更轻柔、力度更小。因此，如果你想制作硬一点儿的意式酵头，就必须要在和面前将酵母化开。

专业的烘焙师会使用"商业酵母"来定义顾客从商店里买的酵母。商业酵母是单细胞培养的单一酵母（即前述的酿酒酵母）。反之，天然酵种中含有大量的野生酵母菌，面粉和周围环境中（包括空气中）原本就有野生酵母菌。这些野生酵母菌与商业酵母不同，它们的活性较低，但它们能赋予面包独特的味道。天然酵种面包具有复杂的味道，部分原因是许多不同的酵母菌共同存在于面团中，从而使面团发酵。

与天然酵种相比，商业酵母会使面团发酵得更快，面团膨胀得更大，面包组织更轻盈，体积更大。反之，天然酵种里的野生酵母菌缓慢的活性会使细菌自然发酵并产生酸，这样会给面包带来更加丰富的味道、浓郁的香气和诱人的面包表皮。也正是由于这些酸，天然酵种面包的保质期会更长，不容易变质。

我有时也喜欢向天然酵种面团中加入少量商业酵母以制作出具有双方优点的面包：像葡萄酒一样的复合味道以及轻盈的面包内部。但两者同时存在面团中也会带来问题——更具活性的商业酵母可能会将野生酵母菌排挤掉，上演适者生存这一幕。

鲜酵母： 如果你想在配方中使用鲜酵母，请记住3克鲜酵母与1克快速酵母粉的发酵效果相同。

面粉来自哪里？

　　8 月中旬，我的脚踩在芳香干燥的麦茬上，发出"咔嚓咔嚓"的响声。联合收割机割倒小麦，就像许多割草机刚刚从这里经过一样，所剩下的只有一排排短短的麦茬。联合收割机的后面扬起芳香的尘雾，闻起来有一点儿像我的面包房。日落之后，麦田就由金色变成了琥珀色。在每年夏末的 4 个星期，华盛顿州从东部地区平缓的坡地到帕卢斯地区起伏的山地都在收割小麦，整个州的小麦种植面积超过了 8000 平方千米。我带着我的面包房烘焙的、我最喜爱的 3 千克的金色乡村球形面包来到这里，把它带回了"出生"的地方。

　　这里的农民正是通过这几周的收获来获得他们一年的收入。今年小麦的产量与往年的相同，高高的麦秸垛意味着高产量。然而，姗姗来迟而又多雨的春天，比往年都要凉爽的夏天，使收割日期推后，今年的收割日期要比往年晚两三周。迟到的丰收带来了比往年更大的仓储压力。对这些农民而言，压力在于要在下雨之前将小麦颗粒归仓，还要避免机器发生故障。许多农民每天都用联合收割机收割小麦，从早到晚连续不停歇地工作 10 ~ 12 个小时，一周要工作 7 天，而有些时候也只是在周日不工作。有些麦田里只有一台联合收割机收割；有些麦田里联合收割机排成一排收割；还有一些麦田里联合收割机散开收割。卡车在装满小麦后，就开到谷仓倒空，再开回来，一遍又一遍往返。有的拖拉机后面拖着一个巨大的车斗，它在联合收割机旁边慢慢地行驶，这样就能随时将小麦装起来而不用联合收割机停下来。时间是最重要的。如果机器坏掉了，那么就可能需要在炎热无风的 8 月的中午在田地里维修。

我被收割小麦时产生的麦糠和尘雾包围，用手揉了自己的眼睛近一小时。之后，华盛顿州达文波特附近孔兹农场的迈克·孔兹告诉了我一句充满智慧的话："当我还是一个孩子的时候，我的父亲教给我的第一件事就是：不要揉眼睛。"迈克是为牧羊人谷物供应小麦的几十个农民之一，就是他们种植的小麦变成我烘焙所需的面粉。

　　迈克·孔兹一家三代都是农民，他就住在他祖父建造的房子里。沿着路一直走就能到的那所学校就是他、他的父亲、他的祖父曾经学习的地方。华盛顿州恩迪科特 R&R 农场的马克·里克特也是为牧羊人谷物供应小麦的农民中的一员，他家四代都是农民，从他的祖先开始，他们就在这块土地上劳作。马克的曾祖父安德鲁·里克特在 19 世纪 90 年代就在这里安家了。迈克和马克都担负着自己家族的使命——他们守护着自己的土地和遗产。他们也通过自己的努力从这块安静、富饶而又美丽的金色土地上获得回报。

　　为后代保护这块土地是责任重大的工作，这两名农民与为牧羊人谷物供应小麦的其他农民一样，将传统的耕地—播种工序转变为不耕地直接播种，这样就能防止土地被侵蚀，使有机物留在土壤里，并且还可以提高产量。带有耕犁的播种机看起来非常像 20 世纪 50 年代科技含量较低的电影中的科幻入侵者，播种时它直接将种子播下并施肥。在收割时，联合收割机会留下麦秸和麦糠作为覆盖物，之后麦茬被土壤中的微生物慢慢地分解。在这些田地里没有成捆的麦秸，它们又回到了土壤里，以增加土壤的健康度和含水量。这些是干小麦田——并没有进行灌溉。

　　迈克的农场所在的地区每年的平均降雨量为 35 厘米，有些年份的平均降雨量只有 30 厘米。土壤的墒情和防蚀能力是这些人必须要关注的事情。马克说，他为他的土地在毫无水分和土壤流失的情况下吸收雨水的能力而吃惊。春小麦（在 3、4 月份种植）和冬小麦（在 9、10 月份种植）在这块土地上轮作，通常只休耕一季。在这块土地上轮作的其他作物还包括鹰嘴豆、豌豆和向日葵。

　　迈克·孔兹向我展示了他那巨大的仓库，仓库建于 1915 年，是为马、牛和干草所建的。在使用汽油做动力的联合收割机之前，人们用 25 匹马拉动的收割机收割小麦。这种收割机是机

械奇迹，它们将麦穗割下来并脱粒，用旋转的筛子将麦粒从麦糠中筛出来。马身上驮着一个装着石块或土块的袋子，当马车夫喊"驾"的时候，他就将石块或土块投到马屁股上。

今天，这块土地上的人口比原来少了1/4。虽然农耕看起来依然是最繁荣的事业，但事实上这里在不断地城镇化，它们需要新一代的居住者。在哈灵顿这种城镇的街道中，有成排被遗弃的砖房，上面有已经褪色的商店招牌和烟草广告。但不能在农场里抽烟，否则可能会引发火灾，人们会随身携带一些烟叶咀嚼。联合收割机破旧的零件上蹦出的火花可能会立即引发一场火灾。农场已经干透了，有时还会有一阵小风。农民都随身携带了预防火灾和冰雹的设备。收割工作使用的大型机器本来就存在重大的安全隐患。一些联合收割机还不得不爬陡坡，因此经验和谨慎就变得非常重要。

当然，农场里也会有淡季，当设备正在保养维修，轮作准备工作已经做好时，人们就可以休息了。在华盛顿州林德地区，每年6月都会举办联合收割机撞车比赛。非常有趣！

蛋白质含量一直以来都是衡量小麦的市场竞争力的指标。大型商业化面包房对高蛋白质含量的面粉的需求对种植小麦来说非常重要。农作物在极大的压力情况下形成的蛋白质会增多，农作物在低湿度环境（简而言之——农作物生长需要最小的湿度）中受到的压力会增大。今年小麦的蛋白质含量会比较低，因为春天来得太晚，而夏天又比较凉爽。然而，蛋白质的质量却与面筋能力（包裹发酵气体和防止膨胀破裂）有关，而这些会与小麦的品种和诸如土壤健康度之类的环境因素有关，并不只是取决于土壤湿度。因此，低蛋白质含量的小麦却能产生高质量的蛋白质。我告诉他们不要过度担心蛋白质的含量。是的，他们笑了——我又不是最大的买家。

站在田野中的麦秸垛上，你能看见成堆的麦粒正在等待着被磨成面粉，在麦粒周围是麦糠和叫作麦芒的针状物。联合收割机会割下麦穗，将麦粒从麦穗上脱粒下来，通过鼓风机和筛子将麦粒和麦糠分离，这一过程会非常快。在这一工序之后你得到的就是满满一仓库可以拿到市场上出售的作物：大量的小麦。在出售时，根据湿度和清洁度小麦被分为不同的等级；如果等级降低，那么农民就会有损失，原因也许在于他们所用的设备并没有好好工作——麦粒中混有麦糠。对他们而言，这不仅是说说而已——等级降低可能导致巨大的经济损失。

小麦从当地的谷仓中装入卡车，然后运输到斯波坎的面粉厂，那里也储存着从其他为牧羊人谷物供应小麦的农场里收获的小麦。在那里，小麦都会被磨成全麦面粉和白面粉，装袋后用船运到分销商那里做最后的销售。红皮冬小麦会被磨成蛋白质含量中等的中筋面粉——蛋白质含量通常在11%以内。这个季节农作物并不会得到更多的压力，蛋白质的含量通常会在10.5%左右，这就是我所买的白面粉。颜色较深的北部春小麦将被磨成甜而不苦的全麦面粉（这些农场中种植的不同品种的小麦所形成的丹宁酸要比其他农场中不同品种的小麦形成的少），或者是蛋白质含量在13%以内的高筋白面粉。软质的白皮冬小麦将被磨成用于做油酥点心的面粉和蛋糕粉。

这就是我所用的面粉出产的地方。现在，我把我的3千克的金色乡村球形面包带到这片麦田里，这样面粉就流转了一整圈。

第二部分

基础面包配方

第四章
面包制作的基本方法

    本章将介绍适用于本书所有配方的技巧。每个配方的时间表、所需要的混合面粉和发酵的方法、操作的复杂性都不同。一旦你熟练运用了我们在这章介绍的技巧，包括和面、折叠、整形、使用冷藏室延缓发酵、在荷兰烤锅中烘焙，你就可以根据本书的配方成功地做出面包和比萨。

    每一种面包都有自己的特征。下页的面包味道复杂度标尺用来说明不同的制作步骤会使面包味道不同。

    在选择要制作哪种面包时，你要选择一种适合你的时间安排的配方。如果你的时间安排比较灵活，你就能有更多的自由根据自己的喜好来选择。例如，如果我白天有时间，我就会选择制作波兰酵头白面包（第 102 页）。如果我想在第二天一早烘焙面包，我就会选择本书第三部分介绍的天然酵种面包或者整夜发酵 40% 全麦面包（第 97 页），因为它们需要在冷藏室中发酵一整夜。如果时间允许的话，我个人还是更喜欢本书中第三部分所介绍的天然酵种面包。

    你一旦熟悉了这些配方、制作步骤和时间安排之后，就可以根据自己的喜好来改变混合面粉。在短文"制作自己的面团"（第 194 页）中，我会就如何调整面粉种类、用水量、水化度、时间安排以及其他方面来介绍具体的指导方案。这些知识能让你将本书中的任何配方转化为适合你一时兴起或你的胃的配方。

    本书第五章中所介绍的制作直接面团面包的配方适合每一个人，不管你是否有经验。对初学者而言，最好先选择周六面包的两个配方（第 85 和 89 页）。这两款面包制作方法非常简单，但味道却非常棒，而且都能在一天之内做完。制作周六面包需要 7 ~ 8 个小时，面团的发酵就需要 5 个小时。虽然 8 个小时看起来是很长的一段时间，但实际的制作时间可能只有 45 分钟，其中还包括打扫整理的时间。这两款面包你做几次之后会发现制作方法非常简单。

第五章中其余的配方要求制作面团用更多的水。事实上，这些比较软的面团更便于用手和面，但却比较难整形，因为面团会更黏。通过发酵，面包的味道会更丰富。另外，这些配方的时间安排更灵活。你可以在晚上和面，在第二天早晨给面团整形，然后在一两个小时后烘焙；或者你可以在下午和面，在晚上给面团整形，放入冷藏室醒发一整夜，然后在第二天早晨烘焙。

直接面团面包配方是本书中最简单的。当你起床后决定"今天做面包"时，周六面包就非常合适。但是，如果你在前一天或者前一晚就这么想了，那么我推荐你选择第六章中所介绍的配方，用酵头来制作面包面团。这些配方也比较容易操作，但它们所需的时间比较长——而且所制作出的面包的味道也比较好。本书第32 ~ 34 页介绍了波兰酵头和意式酵头的更多知识，这是本书中我常用的酵头。当你一旦熟悉了如何使用酵头，你就可以使用本书中第三部分所介绍的配方——天然酵种面包配方制作面包。

阅读原料表

正如前文所提到的，本书的配方有一点儿不合常规，那就是所有原料不是按使用顺序排列的。事实上，面粉总是最先列出，然后是水、盐和酵母，它们是通过用量或者烘焙百分比来表示的。下面将会对原料表的不同项目进行简单解释，后面还会有一个例子。

最终面团的用量： 这一栏（在直接面团配方中仅叫作"用量"）给出了你要放入12 夸脱面盆中用来制作最终面团的原料用量，包括波兰酵头、意式酵头或天然酵种，面粉和其他原料的用量达到 1000 克以上。所需要的所有原料的用量都会在栏里列明，

最终面团			烘焙师的百分比配方		
原料	最终面团的用量		波兰酵头中的用量	配方中总的用量	烘焙百分比
白面粉	500 克	3¾ 量杯 +2 大勺	500 克	1000 克	100%
水	250 克，41℃	1⅛ 量杯	500 克	750 克	75%
细海盐	21 克	1 大勺 + 接近 1 小勺	0	21 克	2.1%
快速酵母粉	3 克	3/4 小勺	0.4 克	3.4 克	0.34%
波兰酵头	1000 克	全部			50%

并且会在操作步骤中重复出现，这样你就不用不停地看原料表来查询用量了。

我想现在你应该都清楚了，我是倡导用重量称量原料的强力推行者。然而，许多家庭烘焙爱好者并没有厨房秤。我为他们列出了制作最终面团所需要的原料的近似体积换算表。这些体积用量与重量用量并不完全精确对应，正是由于这个原因，体积用量并不与右侧栏中的烘焙百分比精确对应。如果你想了解这方面更详细的解释，可以参见第 29 页。

波兰酵头、意式酵头或天然酵种中的用量：这一栏中列明了配方中制作波兰酵头、意式酵头或天然酵种所使用的面粉和水的用量。在第六章介绍的酵头面包中，酵头需要全部加入最终面团中。因此，本栏中的原料用量与波兰酵头或意式酵头的是一样的，这些都反映在烘焙百分比上。当制作本书第三部分所介绍的天然酵种面包时，你只需要将一部分天然酵种加入最终面团里就可以了，所以这栏中面粉和水的用量要比制作天然酵种的少——而且通常会少很多。你可以继续喂养剩余的天然酵种。

配方中总的用量：本栏列明了配方所用原料的总重量。如果白面粉占面粉总量的90%，那么白面粉的用量就是 900 克。但是在直接面团面包配方中，各种原料只有一栏对应的体积。

烘焙百分比：所有原料的重量都是以占配方中面粉总量的百分比来体现的。本书中所有的面包面团和比萨面团都使用了 1000 克的面粉，这样就会使接下来的计算更简单，配方更容易记。（想了解更多烘焙百分比的知识，请参见第 44 ~ 45 页。）

面包的基本制作方法——分步指导

在本书的面包配方中，从和面到烘焙的每一步都使用了基本相同的制作方法，在接下来的几页中我将会列出 8 个步骤，甚至在第十三章中的比萨面团配方也用其中某些步骤制作球形面团。我认为，将这些步骤从配方中抽出来单独说明是十分有必要的，因为这样能使配方更加简单易懂，也会使你更好地理解配方。既然这些方法适用于所有配方，一旦你掌握了，那么你就有信心学习本书所有的配方了。我希望你在开始制作面包之前能坐下来仔细地阅读这一章，因为在你第一次制作面包面团和比萨面团时，你很难真正掌握这一章所介绍的知识。

步骤 1：浸泡

浸泡是我制作面包面团和比萨面团的第一步。它指的是将配方中的面粉和水混合，静置 15 分钟以上，再加入盐和酵母。本书中配方所需的浸泡时间我建议为 20 ~ 30 分钟。在浸泡的过程中不要放盐，因为盐会影响面粉吸收水分。这一步骤的最终目的就是要在制作最终面团前让面粉吸收足够的水分。

称量

花 5 分钟左右称量面粉和水，随后用手混合均匀。把 12 夸脱的空面盆放到厨房秤上，将秤置零，然后倒入"最终面团的用量"一栏中面粉的用量（请记住，面粉一定要是室温的）。

有时一不小心水就会加多，因此我不是直接将水倒入装有面粉的面盆，而是先将水倒入一个空容器，称好重后将水倒入装有面粉的面盆中。在还没有加入全部的水之前，有些秤（比如我的）就已经达到最大称量范围了，这也是我建议将水分开称量的又一原因。

称量水的最简单的方法就是使用两个容器。在手边放一支温度计，将第一个容器放到水龙头下，调节热水和冷水以使容器中的水温达到所需水温，如 35℃。将第二个容器放到秤上，将秤置零，然后将第一个容器中的水倒入第二个容器，直到水

使用你的厨房秤

将空容器放到秤上，按下秤的"置零"按钮（有的秤是"去皮"按钮）。当秤的读数归零之后，慢慢倒入原料，直到达到原料表中的用量。当你需要往容器中加入多种原料（如两三种不同的面粉）时，每加入完一种都要按下"置零"按钮。

的重量达到配方中所要求的用量。在称量水时一定要精确，即便是只差了 20 克或 30 克，那么面团的黏度也会有很大的不同。

混合面粉和水

　　你可以直接在 12 夸脱的面盆中开始工作，先用一只手搅拌面粉和水，直到二者混合。你的手会变得黏糊糊的。不要担心，你要习惯把手也看作一个工具。即使有小面团粘在你手上（就像它们会粘到和面钩上一样）也不要停止，继续搅拌至面粉和水混合均匀。用手将面粉块捏碎。在混合好之后，用你的另一只手将刚才和面的手上粘的小面团刮到盆里。给面盆盖上盖子，静置 20～30 分钟。当在面盆中再也看不见干的面粉块时，浸泡混合物就制作好了。

注意水温

　　在本书的所有配方中（除了波兰酵头配方和意式酵头配方），最终面团的温度约在 26℃。就像在第二章中提到的一样，这看起来是产生气体和味道的最理想的温度。面团不需要在整个发酵过程中一直保持 26℃，但在发酵开始时面团一定要达到这个温度。我在我家的厨房中测试了这些配方，厨房的温度大约为 21℃。在冬季我用 35℃的水和室温下的面粉，浸泡 20 分钟，和好的面团的温度正好达到 26℃；在夏季，我将水温调低至 32℃，这样也能达到同样的效果。所有这些都说明水温、厨房的温度与浸泡时间的关系。

　　虽然我推荐 20～30 分钟的浸泡时间，但你也可以延长到 40 分钟甚至 60 分钟，如果这样做对你来说更合适。然而，这样浸泡混合物的温度会降低，因此最终面团

什么时候化开酵母？

在硬面团（在我的概念里，硬面团指水化度是 70% 或者更低的面团）中，颗粒状的干酵母需要更长的时间才能溶解。从商店里买来的快速酵母粉不需要提前化开，但是这是基于机器和面的先提，因为机器比手更有力。我的面包房中并不将快速酵母粉化开，这通常是因为我们在制作硬面团时使用鲜酵母。

当我测试本书中的配方时，我第一次用快速酵母粉来制作整夜意式酵头（水化度为 68%）。第二天早晨我非常吃惊，因为它不但产生的气体少，而且膨胀得也小。在第二次尝试时，我按照相同的混合比例和水温，但是我提前几分钟将快速酵母粉化开，然后——快看——我的意式酵头在第二天早晨看起来就是一块真正的意式酵头了。我进行了一些调查，一家大型的酵母生产商告诉我们，在制作面团前预先将快速酵母粉化开，会让酵母的活性达到最大，尽管设计初衷是它不需要化开就能使用。

总之，本书中大部分面团中都含有足够的水分，因此快速酵母粉并不需要提前化开。即便是手工和面，面团的高水化度也能确保酵母颗粒完全溶解，并在面团的制作过程中激发活性。而意式酵头（水化度为 68%）和比萨面团（水化度为 70%）却是例外。

的温度会更低，你需要适当调高水温。不要使用 43℃ 以上的水。（高于这个温度的水会使酵母失去活性。）如果你制得的最终面团的温度不是 26℃，你可以检查一下你用的水的温度以及浸泡时间，并在下一次制作的时候进行调整。

按本书中使用酵头（波兰酵头或者意式酵头）的配方制作的面团的最终温度很少能达到 26℃，尤其是当你家晚上比较凉时。这是因为酵头占了最终面团的绝大部分，经过了一整夜的发酵，酵头温度也正好是室温——不管晚上你屋子的温度是多少。我家晚上的室温大约为 18℃，当我在测试这些配方的时候，用酵头所制作的最终面团的温度通常在 23℃ 左右。

步骤 2：和面

用手和好最终面团约需 5 分钟。我喜欢在面盆中用手和面而不是在案板上揉面或者用和面机和面。因为用手在面盆中和面更简便、更快，而且清洁工作也比较少，效率也高。你可以从浸泡开始直到分割、整形之前，都用同一个面盆。

折叠和面法（加入盐和酵母粉）

在开始和面时，要先在面团顶部均匀地撒上盐和酵母粉（在大多数情况下）。如果配方中要使用酵头（全部波兰酵头或意式酵头）或一定量的天然酵种，那么就需要将其倒在盐和酵母粉的上面。

用容器盛一些温水放在面盆旁。用力气较小的手按住面盆边缘，然后将力气较大的手在温水中蘸湿。开始和面时要将手伸到面团底部，抓起 1/4 的面团，拉伸这一部分，再折到面团的顶部。而折叠发酵中的面团时，则要将一部分的面团拉伸至断裂的临界点，再折到面团的顶部。按照折叠和面法重复操作，每一次操作时都要将手伸到面团底部，直至将盐和酵母粉全部包裹在面团里。

钳式和面法

当面团的所有部分都折上去之后，再用钳式和面法继续和面。用拇指和食指像钳子一样夹住面团，将面团挤出一大块，然后收紧手指夹断面团。重复进行这样的操作。用另一只手转动面盆，这样就能给和面的手提供更好的角度。

在整个过程中要将和面的手蘸 3 ~ 4 次温水，这样就会使手变湿，防止面团粘手。

折叠和面法

否则，面团就会非常硬并且难于操作。在和面过程中感觉到盐和酵母粉的颗粒是很正常的，用湿手和面将会帮助盐和酵母粉溶解。

用钳式和面法将面团夹为 5 ~ 6 段，再折几次，再夹为 5 ~ 6 段，再折几次。重复这一过程，不停夹断和折回，直到你能感觉并看到所有原料都融为一体，面团有一定弹性。对我而言，这需要花费 2 ~ 3 分钟。如果你还是初学者，则可能需要花费 5 ~ 6 分钟。将面团静置几分钟，再来回折 30 秒或者直到面团硬实。这就是和面！

这一操作的目的就是要让原料充分混合。我在旧金山烘焙学院学到的钳式和面法是模仿机械化和面机切割面团的动作。这种方法能有效地混合原料，并使盐和酵母粉均匀地分布在面团中。

在和面结束时，要用探针温度计测量一下面团的温度。在本书的大多数配方中，和好的面团的温度应为 25 ~ 26℃。记下面团最终的温度和制成时间。如果面团的温度低于 25℃，则需要更长的发酵时间。这种情况下，你要按照配方中关于面团体积的说明来判断发酵程度，而不是根据时间。或者，你也可以将面盆放到一个温暖的地方来使面团膨胀——24 ~ 27℃就可以了。

就像在第二章中提到的一样，我建议你对以下各项做一个记录：水温、和面结束的时间、室温、面团体积变为原来的 2 倍或 3 倍所需的时间、分割和整形的时间、烘焙时间，在烘焙完成之后还要对面包进行一些简单的评价。这样在今后的和面过程中，你就可以做一些更适合自己的时间调整——如果面团在五六小时内仍然没有发酵好，则可以多加一点儿酵母；如果面团发酵得过快，则可以减少一点儿酵母。如果最终面团的温度低于或高于 26℃，则可以使用更热或更凉一点儿的水。

钳式和面法

面团发酵

盖好面盆，等待面团发酵。发酵时间取决于很多因素，尤其是环境温度和和好的面团的温度。将配方中的说明作为你的目标，时刻记住温暖的月份面团发酵后的体积会更大一些，凉爽的月份面团发酵后的体积会更小一些。

步骤 3: 折叠

折叠面团有助于面团产生面筋结构，增大面团强度，并且能使面包体积变大。你可以将面筋的三维网状结构想象成面包的"房子"。对本书第一个配方——周六白面包来说，只要折叠两次就可以了。其他的绝大多数面团都有更高的水化度，而且许多松软的面团都需要三四次折叠来达到所需要的强度。每一次折叠都需要一分钟左右。你可以根据面团的松弛程度来判断什么时候可以进行下一次折叠了——它不再是球形，顶部变平了。每一次折叠都可以使面团变硬一点儿。我会在发酵的前一两小时内完成所有的折叠。

这一操作与第二步的折叠和面法相似，但是在折叠之后，你要翻转面团以保持其张力。想了解折叠，请参见第 74 页分步介绍的图片。在折叠面团时，要将折叠面团的手在温水中蘸湿，这样面团就不会粘手了。将湿手伸到面团底部，然后拉伸 1/4 的面团，向上拉伸至感觉拉不动了，再将其折到面团顶部。按照上述方法重复操作 4 ~ 5 次，直到面团紧实成球形。抓住整个面团，将其翻转过来，这样折叠时产生的所有接缝就在下面了。这有助于面团不会松开，而且面团的顶部也是光滑的。

当面团稍稍松弛了一些，在面盆中变得扁平时，你就可以重复上述操作进行第二次折叠了。在每一次折叠之后，面团就会形成比之前更强劲的结构，更大的强度，并且变得松弛也需要更长的时间。你可以在一两个小时后进行配方中要求的任何后续折叠，或者你可以在面团和好后的第一个小时内完成所有折叠——选一种你认为方便的。只是不要在发酵的最后一小时进行折叠就可以了。

第一排、第二排：折叠已经松弛的面团　第三排：已经可以进行第一次折叠的面团、完成第一次折叠的面团、可以进行第二次折叠的面团　第四排：第二次折叠后的面团、可以进行第三次折叠的面团、完成第三次折叠的面团

步骤 4：分割

当面团体积变为原来的 2 倍或 3 倍时（这与配方中特定的要求有关），你就可以分割面团了。透明的金宝面盆适用于制作面包的一个原因就在于它能够让你迅速判断出发酵是否已完成。例如，面团要在发酵后体积变为原来的 3 倍，如果它在一开始的时候体积稍微多于 1 夸脱，那么当其接近 4 夸脱刻度线的时候，其体积就是原来的 3 倍了。你做过几次之后就会发现分割面团只需要几分钟。但是，如果你第一次做，可能需要长一点儿的时间。

在工作台上轻轻撒一些面粉，这一步需要一块差不多 60 厘米见方的区域。在手上撒上面粉，沿着面盆的内壁边缘将面团轻轻拉松，在这一过程中要防止拉断面筋链。（这时面团的面筋要比刚刚和好的面团的脆弱。）然后，将手伸到面盆底部，将面团底部从面盆上轻轻地拉松。沿着面团的底部边缘撒一些面粉有助于轻松取出面团。最后，将面盆侧放，用手轻轻地将面团从面盆中取出放到工作台上。在面团顶部中央要下刀的地方撒一些面粉，然后用切面刀（塑料面团刮板或厨房刀都可以）将其切成两个同样大小的面团。

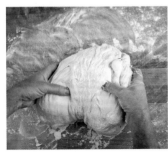

分割面团

步骤 5：整形

给面团整形的目的就是要将每一个面团都做成紧实度中等的球形，这样可以包裹住面团里产生的气体。

一定要注意，当你把分割好的面团放在撒有面粉的工作台上时，面团的底部将是整形完毕后面团的顶部，这将会帮助你理解整形这一过程。在每一个面团的底部都撒上一些面粉，这样面团就不会粘在工作台上了。我给你的最重要的建议就是：

要让你的手接触面团上撒有面粉的部分，否则面团会粘手。

开始整形时要将面团顶部松散的面粉拍掉。接下来，用与折叠步骤中相同的方法拉伸 1/4 的面团，再折到面团的顶部，使面团成为圆形。轻轻地拉伸面团的每一部分，直到你感觉到面团已经伸展到了极限，然后折到面团的顶部。重复进行上述操作，将面团整为球形，直到面团里面被完全包裹住，带有一点儿弹性。翻转面团，将有接缝的一面放在工作台上没有撒面粉的地方——这时你可能会想用一块有摩擦力的干净台面。你现在看到了球形面团光滑的表面，它在发酵篮里是朝上的，而在烘焙过程中是朝下的。

面对球形面团，将双手拢成杯状放在球形面团的后面。将面团在干的、未撒面粉的工作台上拉到离你 15 ~ 20 厘米的地方，用小指给面团足够的压力，使其能贴在工作台上不会随意滑动。在你拉动面团的过程中，面团会变得更紧实，而且也会更有弹性。这些你都能感觉到，这种感觉非常好。

将面团旋转 90°，然后按照上述方法重复操作两三次，面团并不需要特别紧实，但是你也一定不希望它太松软。我一直都在寻找恰到好处的面团弹性，这样面团能保持形状，包裹住里面的气体。如果整形完毕的面团太柔软，缺乏足够的弹性，这样能包裹住气体的物理结构就会变少，一些气体就会逸出，这样做出的面包比理想的面包要小一些，重一些。

将另一个面团也按照同样的步骤操作，然后将整形完毕的两个面团接缝处向下，放到醒发容器中：撒有面粉的柳条发酵篮、铺有发酵布并撒有面粉的螺纹筐或铺着无绒茶巾并撒有面粉的碗。发酵篮中的面粉要足够，以确保你取出醒发好的面团时它不会被粘住，但也不要过多，否则面包上就会有大量多余的面粉。

在整形完毕的面团顶部撒薄薄的一层面粉，然后用厨房毛巾盖住，或者将发酵篮放到塑料袋中。

步骤6：醒发

在烘焙中，"醒发"这一术语通常指的是面团在整形完毕之后的最后一次发酵。面团要发挥出全部的潜能，就得达到完全醒发。随着时间流逝，在蛋白质分解导致面筋网络被破坏之前，面团必须达到它的物理极限以包裹住里面的气体。如果烘焙时间过早，一些味道就无法产生，面包的体积会变小，面团也会因太紧而不能均匀

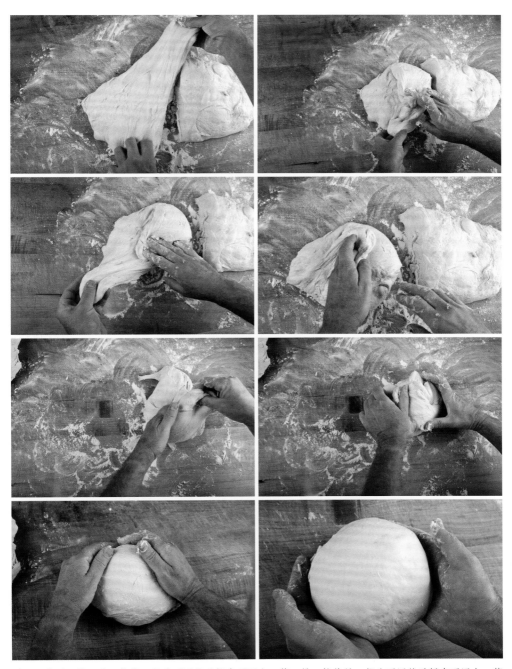

给面团整形。第一排：拉伸一部分面团然后折在面团上　第二排：拉伸另一部分面团然后折在面团上　第三排：拉伸最后一部分面团然后折在面团上　第四排：双手拢成杯状放在球形面团的后面，将面团在没有撒面粉的工作台上拉；一块制作好的球形面团

开花。如果烘焙时间过晚（醒发过度），面包就会缩小、塌陷，体积也会变小。醒发时间会因配方的不同而不同，周六面包需要一小时多一点儿，而绝大多数天然酵种面包和整夜 40% 全麦面包需要整夜放入冷藏室中醒发。一定要时刻谨记：整形完毕的更紧实的面团需要更长的醒发时间，而更松软的面团气体逸出得更快。

优秀烘焙师的一个重要能力就是他每次都能在醒发的完美时间点烘焙面包。在我的面包房中，这也是一个经久不衰的话题。不仅仅是面包，对可颂和布里欧修来说也是这样的。我们通过实践来学习，有时最好的学习方法就是让面团有一点儿醒发过度，这会有助于你理解醒发的限度在哪里。

手指凹痕测试法

在每一个配方中，我都提到了要用手指凹痕测试法来检验面团的醒发程度。它是我所知道的最简单的方法。测试时，要用蘸过面粉的手指去按膨胀的面团，要按下去大约 1 厘米深。如果面团很快反弹，那么说明它需要更长的醒发时间。如果凹痕是慢慢地反弹并且只弹回一部分，那么说明面团已经醒发完成，可以准备烘焙了。如果凹痕基本不弹回，那么说明面团已经醒发过度了，你等待的时间太长了，当你从发酵篮中将面团取出，放入荷兰烤锅烘焙时，面团可能就会塌陷。（然而，有时我也惊奇地发现，我认为醒发过度的面团也能很好地保持形状，而且烘焙出的效果也非常好。）

在本书第五章中介绍的那些用商店买来的酵母粉制作的直接面团的醒发速度要比天然酵种面团的快，但前者保持最佳醒发状态的时间却比较短，有时只有 10 分钟，这段时间内你得将面团放到烤箱中去。你还可以通过将面团整夜放入冷藏室的方法来延缓醒发。温度较低的面团将会膨胀得慢，而且能将理想的醒发状态保持几小时。

步骤 7: 预热烤箱和荷兰烤锅

将烤架放到烤箱的中层。如果烘焙时面团太接近烤箱底部，就很可能烤焦。将 4 夸脱的荷兰烤锅放到烤箱里，打开盖子。不需要将荷兰烤锅放到比萨石上，铸铁块上可以。将烤箱预热至 245℃，至少保持 45 分钟，这样做的目的是在你将面团放入烤箱之前，使荷兰烤锅充分吸收来自烤箱的热量。

了解自己的烤箱十分必要。绝大多数家用烤箱的实际温度会比你所设定的更高或者更低。我的烤箱基本上会比设定的温度低 15℃，所以当我将温度设定为 260℃ 时，它的实际温度只有 245℃。当然，配方中所给的温度是烘焙面包时的实际温度，所以我推荐你使用烤箱温度计。它只需要花费几美元，就能确保烘焙温度合适，让你充满信心地按照建议的时间烘焙。

如果你有两口荷兰烤锅并且它们能同时放到烤箱里，那么你就可以将它们同时预热。如果你只有一口荷兰烤锅，那么每一个配方都会给你特别说明，告诉你在烘焙一个面团时如何保存另一个面团。总而言之，如果你的面团是在室温下醒发的，那么你就需要在烘焙前的 15 ~ 20 分钟将后烘焙的那个面团放入冷藏室中。如果你的面团是在冷藏室中进行整夜醒发，那么后烘焙的那个面团继续放在冰箱中。第一个面包从烤箱中取出来后，你可以在烘焙下一个面团前再将荷兰烤锅预热 5 分钟。

步骤 8: 烘焙

本书中所有的面包都是放在经过预热且盖好盖子的荷兰烤锅中，在 245℃ 下烘焙 30 分钟后，再打开盖子烘焙 15 ~ 20 分钟。每一个配方都有具体的烘焙时间。

用荷兰烤锅烘焙时，我推荐大家使用隔热手套而非厨房毛巾或隔热垫。隔热手套可以保护你的前臂，防止你被很烫的荷兰烤锅和盖子烫伤。当我戴上隔热手套之后，我对操作就会更有信心，因此我也推荐你使用。将荷兰烤锅从烤箱中取出后，我发现将隔热手套放在锅盖的把手上是非常有用的，这样我就不会因为粗心大意忘记戴上隔热手套而直接握住把手了。每一步都要非常小心。

在将面团从发酵篮中放到荷兰烤锅里时，先把醒发好的面团小心地从发酵篮中取出，放到撒有面粉的工作台上，一定要时刻谨记烘焙时面团的顶部是醒发时面团的底部，即有接缝的那一面。如果面团粘在发酵篮的边缘，可以用一只手轻轻地将

面团拉松——而且一定要记住下一次要在发酵篮中多撒一些面粉。在理想状态下，面团的重量会使面团轻松地掉在工作台上，而不需要外力帮助。相比用过很多次的发酵篮，新的柳条发酵篮要撒更多的面粉，发酵篮在用完之后也不需要清理面粉。

有经验的烘焙师会注意到，在烘焙前我并不用割包刀割包。因为面团在烘焙时，有接缝的一面是朝上的（与整形完毕的面团光滑的那面相反），在充分醒发之后，随着面团在烤箱中膨胀，顶部会自然裂开。我喜欢那种自然裂开的感觉。这就是我的面包房中夏巴塔在烤箱中裂开的方式。

接下来，小心地将面团放到热的荷兰烤锅中。它已经被按照正确的样子放到了工作台上，所以你要小心地再将其放到荷兰烤锅中而不要使其倒过来。用你的手掌托起面团，然后放到荷兰烤锅内。不要用手指尖来拿面团，它在这个阶段非常柔软，因此在拿它时最好使压力分散到整个面团上。用隔热手套将荷兰烤锅的盖子盖上，再放入经过预热的烤箱中。

在烘焙30分钟后打开荷兰烤锅的盖子，面团将会完全膨胀，你还会在裂开的顶部看到一两条漂亮的裂缝，表皮呈浅棕色。用配方中提供的时间作为参考，看看在不盖盖子的情况下需要多长时间面包才能烘焙好，要在烘焙结束前差不多 5 分钟时进行检查，这样你就能了解面包的膨胀过程。要烘焙至面包表面都变成深棕色，我喜欢烘焙至面包表皮产生小黑点，这样面包表皮就会产生浓郁的香味。你至少要尝试一次将面包烘焙至表皮有像烧焦一样的黑点——我保证这些颜色较深的面包不仅漂亮，而且味道也会非常棒。

当面包经过充分烘焙之后，将荷兰烤锅从烤箱中取出来，然后倾斜荷兰烤锅，倒出面包。将面包放到冷却架上冷却，或者将其侧放使空气能在周围流通。将面包静置至少 20 分钟再切片。面包从烤箱中取出之后，它的内部仍有余热，完成内部的烘焙还需要一段时间。享受晾凉的面包的嘎吱声吧。

用一半的面团制作比萨和佛卡夏

如果你不想制作两个面包，有些面包的面团也适合制作比萨和佛卡夏，就像制作步骤中的提示一样。事实上我认为，包括黑麦面团在内的所有面团都可以用来制作佛卡夏，但我只使用最适合制作佛卡夏的面团。制作比萨时，可以将剩余的面团分割成每个重 340 克的球形面团，然后按照第十四章中所介绍的任何配方制作就可以了。制作佛卡夏时，可以按面团的用量说明和"用面包面团制作佛卡夏"（第 220 页）这一部分中介绍的方法来制作佛卡夏。将面团整为球形，放入冷藏室中可以保存几小时甚至几天。

储存面包

几年前，我改掉了将面包放入塑料袋保存的坏毛病。当我尝试了其他所有的替代品之后，我才发现不用其他物品，面包一样能保存得很好。面包表皮会变软，但是面包内部并不会变干。如果你不能一次将面包吃完的话，直接面团面包可以保存两三天，酵头面包可以保存三四天，天然酵种面包可以保存五六天。

第五章
直接面团面包

左页从左至右：混酿 2 号面包（第 162 页），周六白面包（第 85 页），麸皮天然酵种面包（第 151 页）

周六白面包

如果你想在一天之内制作出可口的硬皮白面包，那这个配方就是为你而设计的。早晨就和好面团，5小时后给面团整形，傍晚的时候烘焙，晚餐的时候你就可以吃到面包了。另外，这是本书的第一个配方，可以帮助你熟悉本书提供的处理面团的技巧，这些技巧在本书的其他配方中同样适用。你可以通过中等长度的发酵时间制作出可口的"多功能"面包，它不仅适合作为晚餐面包，而且也可以用来制作三明治和烤面包片。

有时，我喜欢加入10%的全麦面粉来制作圆形、具有乡土气息的面包。如果你想那样做的话，这个配方要900克白面粉和100克全麦面粉。

根据这个配方，你可以制作一个或两个面包。如果你只用了一个面团，你可以将剩下的面团做成两三个球形面团，用来制作用铸铁煎锅烘焙的佛卡夏或比萨；将球形面团放入冷藏室中保存，在接下来的两三天里，你什么时候使用都可以。我喜欢用橄榄油、盐、胡椒粉或再加一些香料制作佛卡夏，将它切成小块在宴会上与朋友分享，或者只是当作零食。（详见第十四章的比萨和佛卡夏配方以及第220页"用面包面团制作佛卡夏"的介绍。）

这个配方能够制作两个面包，每个重约680克，而且这种面团也适合制作比萨或者佛卡夏。
发酵时间：约5小时
醒发时间：约 $1^1/_4$ 小时
时间安排：早晨9点半开始，10点和好面团，下午3点给面团整形，4:15烘焙，5点就可以从烤箱中取出面包了。

原料	用量		烘焙百分比
白面粉	1000 克	$7^3/_4$ 量杯	100%
水	720 克，32 ~ 35℃	$3^1/_8$ 量杯	72%
细海盐	21 克	1 大勺 + 接近 1 小勺	2.1%
快速酵母粉	4 克	1 小勺	0.4%

第三章中的"原料"部分给我们提供了用什么类型面粉的建议。我不推荐使用蛋白质含量高的面包粉（有时叫作高筋面粉）。中筋面粉是适用于本书配方的最理想的面粉。面粉应保存在室温下。

如果这是你第一次按照本书中的配方来制作面包，请看一下第四章"面包制作的基本方法"，那章详细介绍了和面、折叠、整形和烘焙。

1. **浸泡** 将 1000 克面粉与 720 克温度为 32 ~ 35℃的水放入 12 夸脱的圆形面盆或其他容器中，用手搅拌至原料混合均匀。盖好，静置 20 ~ 30 分钟。

2. **和面** 将 21 克盐和 4 克（平平的 1 小勺）酵母粉均匀地撒到面团顶部。用手和面，在和面之前将手打湿，这样面团就不会粘手了。（在和面过程中，最好将手在水里蘸 3 ~ 4次。）将手伸到面团的底部，抓住 1/4 的面团，轻轻地拉伸，再折到面团的顶部。按照这一方法重复操作 3 次，直到盐和酵母粉被完全包裹住。

用钳式和面法使所有原料充分混合，将整个面团横向夹成 5 ~ 6 段，再将面团折几次。重复操作，交替进行夹断和折回，直到所有原料完全混合，面团具有一定的弹性。将面团静置几分钟，再反复折 30 秒或至面团变得紧实。整个过程大约需要 5 分钟。和好的面团的温度应为 25 ~ 26℃。盖好，等待面团膨胀。

3. **折叠** 和好的面团需折叠（第 73 ~ 74 页）2 次。在面团和好后的 1½ 小时内进行折叠是最容易的。第一次折叠在面团和好后的 10 分钟左右时进行，第二次折叠要在下一小时进行（面团在面盆中变得松弛，就可以进行第二次折叠了）。如果需要的话，也可以稍晚一会儿进行折叠，只要保证面团能在最后一小时发酵膨胀就可以了。

面团和好 5 小时后，当面团的体积变为原来的 3 倍时，就可以进行分割了。

4. **分割** 在工作台上 60 厘米见方的区域内撒上适量面粉。在手上撒上面粉，在面盆的边缘撒上一些面粉。将面盆微微倾斜，然后将蘸过面粉的手伸到面团底部，小心地使面团与面盆底部分开。轻轻地将面团放到工作台上，不要拉伸或撕扯面团。

用蘸过面粉的双手再次拿起面团，轻轻放回工作台上，使面团的形状更规整。在面团中间要下刀的地方撒上面粉，用面团刀或者塑料面团刮板将面团切成大小相同的两个。

5. **整形** 在两个发酵篮里撒上面粉。将两个面团按照第 75 ~ 77 页介绍的方法整为紧实度中等的球形面团。将它们分别放到发酵篮中，有接缝的一面朝下。

6. **醒发** 在面团顶部撒薄薄的一层面粉。将两个发酵篮并排放置，盖上厨房毛巾，或者分别把发酵篮放入塑料袋中。

假设室温在 21℃ 左右，在面团醒发约 1¼ 小时后就可以准备烘焙了。如果你的厨房比较暖和，醒发时间可能只需要 1 小时左右。用手指凹痕测试法（第 78 页）来检查它们的醒发程度。一定要在 1 小时后检查一下面团，因为醒发好的这种面团只需要 15 分钟就会醒发过度，有一点儿塌陷。

7. **预热** 至少在烘焙前 45 分钟就将烤架放到烤箱中层，再将两口荷兰烤锅放在烤架上，盖上盖子。将烤箱预热至 245℃。

如果你只有一口荷兰烤锅，则需要在烘焙前 20 分钟将一个面团放入冷藏室中。在

取出第一个面包后将荷兰烤锅预热 5 分钟，继续烘焙即可。除此之外，你也可以将一个面团连同发酵篮一起放入塑料袋中，放入冰箱中冷藏一整夜，在第二天清早烘焙；如果你想这样做，则需要在面团整形完毕后立即将其放入冷藏室中。

8. 烘焙　就这一步而言，最重要的是不要让你的手或者前臂碰到非常烫的荷兰烤锅。

将醒发好的面团放到撒有少量面粉的工作台上，要时刻谨记面团的顶部是有接缝的一面。戴上隔热手套，将经过预热的荷兰烤锅从烤箱中取出，打开盖子，小心地将面团放入锅中，使有接缝的一面朝上。盖好盖子，将烤锅放回烤箱中。使烤箱的温度始终保持在 245℃。

烘焙 30 分钟，然后小心地打开盖子，继续烘焙约 20 分钟至整个面包呈深棕色。在打开盖子烘焙 15 分钟后检查面包，以防烤焦。

拿出荷兰烤锅，小心地将它倾斜，倒出面包。将面包放在冷却架上冷却，或者将面包侧放以便空气在它四周流通。至少将面包静置 20 分钟再切片。

了解你的烤箱

我推荐你使用烤箱温度计，这样当你需要 245℃时，确保烤箱的实际温度就真的是 245℃。有些烤箱的实际温度要比设定的高，有些烤箱的实际温度要比设定的低。（我的烤箱的实际温度要比设定的低 15℃，因此当我需要的温度为 245℃时，我就要把烤箱温度设定为 260℃。）

如果面团没有达到需要的温度应该怎么办？

如果最终面团的温度比需要的温度低，不要担心，它只是需要更长的时间来达到完全发酵而已（这里指的是体积变为原来的 3 倍）。如果你有比较暖和的地方可供面团发酵，那么面团的最终温度比需要的温度低也没有关系。如果最终面团的温度比目标温度高，面团体积将会更快地变为原来的 3 倍。（下一次按这个配方制作面包时，你可以通过用更热或者更凉的水来调节面团温度。）

周六 75% 全麦面包

如果你想只用一天的时间就做出一个简单而又可口的高纤维面包，这个配方就应该是你想要的了。如果你想按照本书中的时间安排进行操作，并调整混合面粉的用量，那就看一下本书第 194 页的短文"制作自己的面团"。这款面包的制作步骤和时间安排与周六白面包（第 85 页）的完全一样，但是这款面包的面团要用更多的水，因为全麦面粉比白面粉的吸水性更强；它用了更少的酵母粉，因为全麦面粉比白面粉的发酵能力更强；另外，这种面团还需要更多的盐来提味。

这款面包比商店里买到的标有"全麦"的面包含有更多的全麦，它的纯度更高，原料中只有面粉、水、盐和酵母。令人高兴的是，即便是面粉中含有 75% 的全谷物，这个配方所做出的面包也有不错的体积和轻盈的组织——不要寄希望能烘焙出砖头来！法国的烘焙师会把这款面包叫作节食面包，因为这款面包的纤维素含量非常高。我喜欢它是因为它的口感非常好。

这个配方能够制作两个面包，每个重约 680 克，这种面团也适合做佛卡夏。

发酵时间：约 5 小时

醒发时间：约 $1\frac{1}{4}$ 小时

时间安排：早晨 9 点半开始，10 点和好面团，下午 3 点给面团整形，4:15 烘焙，5 点就可以从烤箱中取出面包了。

原料	用量		烘焙百分比
全麦面粉	750 克	$5\frac{3}{4}$ 量杯 $+1\frac{1}{2}$ 大勺	75%
白面粉	250 克	$1\frac{3}{4}$ 量杯 +3 大勺	25%
水	800 克，32 ~ 35℃	$3\frac{1}{2}$ 量杯	80%
细海盐	22 克	1 大勺 +1 小勺	2.2%
快速酵母粉	3 克	3/4 小勺	0.3%

1. **浸泡** 将 750 克全麦面粉与 250 克白面粉放入 12 夸脱的圆形面盆或其他的容器中，用手混合均匀。加入 800 克温度为 32 ~ 35℃的水，用手搅拌至原料混合均匀。盖好，静置 20 ~ 30 分钟。

2. **和面** 将 22 克盐和 3 克(3/4 小勺)酵母粉均匀地撒在面团顶部。用手和面，在和面之前将手打湿，这样面团就不会粘手了。（在和面过程中，最好将手在水里蘸 3 ~ 4 次。)将手伸到面团的底部，抓住 1/4 的面团，轻轻地拉伸，再折到面团的顶部。按照这一方法重复操作 3 次，直到盐和酵母粉被完全包裹住。

用钳式和面法使所有原料充分混合，用大拇指和食指将面团横向夹成 5 ~ 6 段，再将面团折几次。重复操作，交替进行夹断和折回，直到所有原料完全混合，面团具有一定的弹性。将面团静置几分钟，再反复折 30 秒或至面团变得紧实。整个过程大约需要 5 分钟。和好的面团的温度应为 25 ~ 26℃。盖好，等待面团膨胀。

3. **折叠** 和好的面团需要轻轻折叠（第 73 ~ 74 页）2 次。含有全麦面粉的面团的强度并不像白面粉面团的那么好，所以折叠的时候不要太用力。在面团和好后的 1½ 小时内进行折叠是最容易的。第一次折叠在面团和好后 10 分钟左右时进行，第二次折叠要在下一小时进行（面团在面盆中变得松弛，就可以进行第二次折叠了）。如果需要的话，也可以稍晚一会儿折叠，只要保证面团能在最后一小时发酵膨胀就可以了。

面团和好 5 小时后，当面团的体积变为原来的 3 倍时，就可以进行分割了。

4. **分割** 在工作台上 60 厘米见方的区域内撒上适量面粉。在手上撒上面粉，在面盆的边缘撒上一些面粉。将面盆微微倾斜，然后将蘸过面粉的手伸到面团底部，小心地使面团与面盆底部分开。轻轻地将面团放到工作台上，不要拉伸或撕扯面团。

用蘸过面粉的双手再次拿起面团，轻轻放回工作台上，使面团的形状更规整。在面团中间要下刀的地方撒上面粉，然后用面团刀或者塑料面团刮板将面团切成大小相同的两个。

5. **整形** 在两个发酵篮里撒上面粉。将两个面团按照第 75 ~ 77 页介绍的方法整为

紧实度中等的球形面团。将它们分别放到发酵篮中，有接缝的一面朝下。

6. **醒发**　在面团顶部撒薄薄的一层面粉。将发酵篮并排放置，盖上厨房毛巾，或者把发酵篮分别放入塑料袋中。

假设室温在21℃左右，在面团醒发约1¼小时后就可以准备烘焙了。如果你的厨房更暖和，那么醒发可能只需要1小时左右。用手指凹痕测试法（第78页）来检查它们的醒发程度。

7. **预热**　至少在烘焙前45分钟就将烤架放到烤箱中层，再将两口荷兰烤锅放在烤架上，盖上盖子。将烤箱预热至245℃。

如果你只有一口荷兰烤锅，则需要在烘焙前20分钟将一个面团放入冷藏室中。在取出第一个面包后将荷兰烤锅预热5分钟，继续烘焙即可。除此之外，你也可以将一个面团连同发酵篮一起放入塑料袋中，放入冰箱中冷藏一整夜，在第二天清早烘焙；如果你想这样做，则需要在面团整形完毕后立即将其放入冷藏室中。

8. **烘焙**　就这一步而言，最重要的是不要让你的手或者前臂碰到非常烫的荷兰烤锅。

将醒发好的面团放到撒有少量面粉的工作台上，要时刻谨记面团的顶部是有接缝的一面。戴上隔热手套，将经过预热的荷兰烤锅从烤箱中取出，打开盖子，小心地将面团放入锅中，使有接缝的一面朝上。盖好盖子，将烤锅放回烤箱中。使烤箱的温度始终保持在245℃。

烘焙30分钟，然后小心地打开盖子，继续烘焙约20分钟至整个面包呈深棕色。在打开盖子烘焙15分钟后检查面包，以防烤焦。

拿出荷兰烤锅，小心地将它倾斜，取出面包。将面包放在冷却架上冷却，或者将面包侧放使空气能在它四周流通。至少将面包静置20分钟再切片。

整夜发酵白面包

这是一款口感丰富的硬皮白面包，有漂亮的大孔洞。我喜欢把它切成片，在上面摆上应季的、可口的新鲜番茄，再淋上优质橄榄油，这样能给我带来极大的满足感。如果你用过吉姆·莱希的免揉方法制作面包，你会发现这个配方的时间安排与吉姆·莱希的相似。然而，这个配方与吉姆·莱希的相比有着明显不同：它需要的水温要高17℃左右，酵母少2/3。此外，这个配方包括了浸泡以

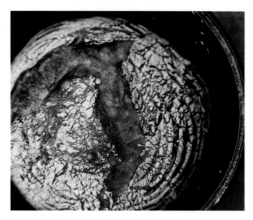

及在面团和好后的折叠步骤。这样就能做出口感和组织完全不同的面包。这极好地证明了两个看起来相似的配方能制作出完全不同的面包。

这款面包的面团要经过整夜发酵，长时间的发酵能给面团更长的时间以形成比两款周六面包（第85和89页）更丰富的口感。烘焙好的面包内部更膨松，表皮更酥脆——如果你烘焙的面包已经是深棕色。这款面包吃法多样，不能保存太长时间。

这个配方能够制作两个面包，每个重约 680 克，这种面团还适合做佛卡夏或铸铁煎锅比萨。

发酵时间：12 ~ 14 小时

醒发时间：约 1$\frac{1}{4}$ 小时

时间安排：第一天晚上 7 点和好面团，第二天早晨 8 点给面团整形，9：15 烘焙，10 点之后就可以从烤箱中取出面包了。

原料	用量		烘焙百分比
白面粉	1000 克	7$\frac{3}{4}$ 量杯	100%
水	780 克，32 ~ 35℃	3$\frac{1}{3}$ 量杯	78%
细海盐	22 克	1 大勺 +1 小勺	2.2%
快速酵母粉	0.8 克	接近 1/4 小勺	0.08%

1. **浸泡** 将 1000 克面粉与 780 克温度为 32 ~ 35℃ 的水放入 12 夸脱的圆形面盆或其他容器中，用手搅拌至原料混合均匀。盖好，静置 20 ~ 30 分钟。

2. **和面** 将 22 克盐和 0.8 克（接近 1/4 小勺）酵母粉均匀地撒到面团顶部。用手和面，在和面之前将手打湿，这样面团就不会粘手了。（在和面过程中，最好将手在水里

蘸 3 ~ 4 次。）将手伸到面团底部，抓住 1/4 的面团，轻轻地拉伸，再折到面团的顶部。按照这一方法重复操作 3 次，直到盐和酵母粉被完全包裹住。

用钳式和面法使所有原料充分混合，用大拇指和食指将面团横向夹成 5 ~ 6 段，再将面团折几次。重复操作，交替进行夹断和折回，直到所有原料完全混合，面团具有一定的弹性。将面团静置几分钟，再反复折 30 秒或至面团变得紧实。整个过程大约需要 5 分钟。和好的面团的温度应为 25 ~ 26℃。盖好，等待面团膨胀。

3. **折叠**　和好的面团需折叠（第 73 ~ 74 页）2 ~ 3 次。3 次折叠能使面团包裹住更多的气体，但是如果时间不够，你只折叠 2 次也可以。在面团和好之后的 1½ 小时内进行折叠是最容易的。进行最后一次折叠之后，将面团盖好，让其在室温下发酵一整夜。

面团和好 12 ~ 14 小时后，当面团的体积变为原来的 2½ ~ 3 倍时，就可以进行分割了。

4. **分割**　在工作台上 60 厘米见方的区域内撒上适量面粉。在手上撒上面粉，在面盆的边缘撒上一些面粉。将面盆微微倾斜，然后将蘸过面粉的手伸到面团底部，小心地使面团与面盆底部分开。轻轻地将面团放到工作台上，不要拉伸或撕扯面团。

用蘸过面粉的双手再次拿起面团，轻轻放回工作台上，使面团的形状更规整。在面团中间要下刀的地方撒上面粉，然后用面团刀或塑料面团刮板将面团切成大小相同的两个。

5. **整形**　在两个发酵篮里撒上面粉。将两个面团按照第 75 ~ 77 页介绍的方法整为紧实度中等的球形面团。将它们分别放到发酵篮中，有接缝的一面朝下。

6. **醒发**　在面团顶部撒薄薄的一层面粉。将两个发酵篮并排放置，盖上厨房毛巾，或者分别把发酵篮放入塑料袋中。

假设室温在 21℃ 左右，在面团醒发约 1¼ 小时后就可以准备烘焙了。如果你的厨房比较暖和，醒发可能只需要 1 小时左右。用手指凹痕测试法（第 78 页）来检查它们的醒发程度。一定要在 1 小时后检查一下面团，因为醒发好的这种面团只要 15 分钟就会醒发过度，有一点儿塌陷。

7. **预热**　至少在烘焙前 45 分钟就将烤架放到烤箱中层，再将两口荷兰烤锅放在烤架上，盖上盖子。将烤箱预热至 245℃。

如果你只有一口荷兰烤锅，则需要在烘焙前 20 分钟将一个面团放入冷藏室中。在取出第一个面包后将荷兰烤锅预热 5 分钟，继续烘焙即可。

8. **烘焙**　就这一步而言，最重要的是不要让你的手或者前臂碰到非常烫的荷兰烤锅。将醒发好的面团放到撒有少量面粉的工作台上，要时刻谨记面团的顶部是有接缝的那一面。戴上隔热手套，将经过预热的荷兰烤锅从烤箱中取出，打开盖子，小心地将面团放入锅中，使有接缝的一面朝上。盖好盖子，将烤锅放回烤箱中。烤箱的温度要始终保持在 245℃。

　　烘焙 30 分钟，然后小心地打开盖子，再烘焙 20 ～ 30 分钟至整个面包呈深棕色。在打开盖子烘焙 15 分钟后检查面包，以防烤焦。

　　拿出荷兰烤锅，小心地将它倾斜，倒出面包。将面包放在冷却架上冷却，或者将面包侧放以便空气在它四周流通。至少将面包静置 20 分钟再切片。

整夜发酵 40% 全麦面包

在制作棕色面包时我喜欢使全麦面粉占面粉总量的 30% ~ 40%。我烘焙 75% 的全麦面包是为了获得更多的纤维素，但是从纯正的烹饪学角度来看，只用占面粉总量 30% ~ 40% 的全麦面粉就能使面包产生我最喜欢的味道和组织了。这个配方制作的面包会有不错的体积、轻盈多孔的组织以及全麦产生的令人痴迷而浓厚的香味。

在这个配方中，整形完毕的面团将会整晚放在冷藏室中慢慢醒发，更长时间的缓慢醒发将使面包产生更加复杂的味道。我们使用这种方法制作了肯的手工面包房中的许多面包，尤其是天然酵种面包，而且这种方法也适用于这款面包。这个配方的时间安排可以让你在第二天早晨烘焙面包。烘焙面包成为一天美好的开始，或许是在周日的早晨，让空气中充满烘焙的芳香（除非你生活在尤金）。

我喜欢这款面包，因为它可以做三明治、烤面包丁、烤面包片或者只是作为餐包。你还可以将这款面包切片来制作好吃的面包布丁或者面包沙拉。

你可以以这个配方中的时间安排和酵母粉用量为基础，使用不同的混合面粉来做一些调整。如果你想改变这个配方中全麦面粉的比例，那么一定要时刻谨记，使用的全麦面粉越多，需要的水就越多，这样才能使面团具有相同的黏度。

这个配方能够制作两个面包，每个重约 680 克，这种面团也适合做佛卡夏。

发酵时间：约 5 小时

醒发时间：12 ~ 14 小时

时间安排：下午 1 点开始和面，6 点给面团整形，将面团放入冷藏室中醒发一整夜，第二天早晨 8 点开始烘焙，8：45 之后就可以从烤箱中取出面包了。

原料	用量		烘焙百分比
全麦面粉	600 克	$4^2/_3$ 量杯	60%
白面粉	400 克	3 量杯 +2 大勺	40%
水	800 克，32 ~ 35℃	$3^1/_2$ 量杯	80%
细海盐	22 克	1 大勺 +1 小勺	2.2%
快速酵母粉	3 克	3/4 小勺	0.3%

1.**浸泡**　将 600 克全麦面粉与 400 克白面粉放入 12 夸脱的圆形面盆或其他的容器中，用手混合均匀。加入 800 克温度为 32 ~ 35℃的水，用手搅拌至原料混合均匀。盖好，静置 20 ~ 30 分钟。

2. **和面** 将 22 克盐和 3 克（3/4 小勺）酵母粉均匀地撒到面团顶部。用手和面，在和面之前将手打湿，这样面团就不会粘手了。（在和面过程中，最好将手在水里蘸 3 ~ 4 次。）将手伸到面团的底部，抓住 1/4 的面团，轻轻地拉伸，折到面团的顶部。按照这一方法重复操作 3 次，直到盐和酵母粉被完全包裹住。

用钳式和面法使所有原料充分混合，用大拇指和食指将面团横向夹成 5 ~ 6 段，再将面团折几次。重复操作，交替进行夹断和折回，直到所有原料完全混合，面团具有一定的弹性。将面团静置几分钟，再反复折 30 秒或至面团变得紧实。整个过程大约需要 5 分钟。和好的面团的温度应为 25 ~ 26℃。盖好，等待面团膨胀。

3. **折叠** 和好的面团需折叠（第 73 ~ 74 页）2 ~ 3 次。我建议你在面团和好之后的 2 小时内进行折叠。

面团和好 5 小时后，当面团的体积变为原来的 3 倍时，就可以进行分割了。

4. **分割** 在工作台上 60 厘米见方的区域内撒上适量面粉。在手上撒上面粉，在面盆的边缘撒上一些面粉。将面盆微微倾斜，然后将蘸过面粉的手伸到面团底部，小心地使面团与面盆底部分开。轻轻地将面团放到工作台上，不要拉伸或撕扯面团。

用蘸过面粉的双手再次拿起面团，轻轻放回工作台上，使面团的形状更规整。在面团中间要下刀的地方撒上面粉，然后用面团刀或塑料面团刮板将面团切成大小相同的两个。

5. **整形** 在两个发酵篮里撒上面粉。将两个面团按照第 75 ~ 77 页介绍的方法整为紧实度中等的球形面团。将它们分别放到发酵篮中，有接缝的一面朝下。

6. **醒发** 将发酵篮分别放入塑料袋中，冷藏一整夜。

第二天早晨，在面团放入冰箱冷藏室 12 ~ 14 小时后，它们会膨胀，但是并不会溢出发酵篮。在冷藏室中凉面团的最佳发酵状态可能会保持 2 小时，可以将面团直接从冷藏室中取出来放入烤箱中烘焙，而不必先使其恢复至室温。

7. **预热** 至少在烘焙前 45 分钟就将烤架放到烤箱中层，再将两口荷兰烤锅放在烤架上，盖上盖子。将烤箱预热至245℃。

如果你只有一口荷兰烤锅，则需要在烘焙前20分钟将一个面团放入冷藏室中。在取出第一个面包后将荷兰烤锅预热5分钟，继续烘焙即可。

8.**烘焙** 就这一步而言，最重要的是不要让你的手或者前臂碰到非常烫的荷兰烤锅。

将醒发好的面团放到撒有少量面粉的工作台上，要时刻谨记面团的顶部是有接缝的那一面。戴上隔热手套，将经过预热的荷兰烤锅从烤箱中取出，打开盖子，小心地将面团放入锅中，使有接缝的一面朝上。盖好盖子，将烤锅放回烤箱中。烤箱的温度要始终保持在245℃。

烘焙30分钟，然后小心地打开盖子，再烘焙20～30分钟至整个面包呈深棕色。在打开盖子烘焙15分钟后检查面包，以防烤焦。

拿出荷兰烤锅，小心地将它倾斜，倒出面包。将面包放在冷却架上冷却，或者将面包侧放以便空气在它四周流通。至少将面包静置20分钟再切片。

第六章
酵头面包

左页从左至右：80% 意式酵头白面包（第 110 页），混酿 2 号面包（第 162 页）

波兰酵头白面包

　　用这个配方制作出的面包带有黄油味，表皮又薄又脆，足以令你的味蕾为之震撼。这款面包可以用来制作三明治、烤面包片或者其他你觉得合适的食物。用这种面团能制作出非常棒的法棍、佛卡夏或者比萨。如果你有烘焙石并且知道在家自制法棍的方法，就可以用这个配方中的方法制作面团并烘焙法棍。

　　想制作这款面包的话，就要在烘焙的前一晚手工制作波兰酵头——面粉、水和少量酵母的混合物，这只需花费几分钟。第二天早晨，波兰酵头中就会充满气泡，因为产生了很多气体（我喜欢它黏稠的组织），然后你就可以将它与剩余的面粉、水、盐和酵母混合了。这个配方中没有浸泡这一步骤，因为在制作了波兰酵头之后，剩下的用于和面的水就非常少了，浸泡会使面粉结块，变得不易用手操作了。

　　我喜欢将这款面包整为中间有一道缝隙的形状，用擀面杖在醒发好的面团顶部的中线压下去（先要撒一层面粉），这样面团中间就会有一道凹痕了（第 103 页的图片）。这样烤出的面包大大的表皮被分为两半，就像肾脏的形状一样。

这个配方能够制作两个面包，每个重约 680 克，这种面团也适合做比萨和佛卡夏。

波兰酵头发酵时间： 12 ~ 14 小时

面团发酵时间： 2 ~ 3 小时

醒发时间： 约 1 小时

时间安排： 下午 6 点开始制作波兰酵头，第二天早晨 8 点制作最终面团，上午 11 点给面团整形，中午开始烘焙。

波兰酵头

原料	用量	
白面粉	500 克	$3^3/_4$ 量杯 +2 大勺
水	500 克，27℃	$2^1/_4$ 量杯
快速酵母粉	0.4 克	接近 1/8 小勺

最终面团 / 烘焙师的百分比配方

原料	最终面团的用量		波兰酵头中的用量	配方中总的用量	烘焙百分比
白面粉	500 克	$3^3/_4$ 量杯 +2 大勺	500 克	1000 克	100%
水	250 克，41℃	$1^1/_8$ 量杯	500 克	750 克	75%
细海盐	21 克	1 大勺 + 接近 1 小勺	0	21 克	2.1%
快速酵母粉	3 克	3/4 小勺	0.4 克	3.4 克	0.34%
波兰酵头	1000 克	全部			50%*

* 波兰酵头的烘焙百分比指的是用于制作波兰酵头的面粉占整个配方中面粉的百分比。

将波兰酵头倒入面盆中

1. 制作波兰酵头 在你准备烘焙的前一晚，将 500 克面粉和 0.4 克（接近 1/8 小勺）酵母粉放入 6 夸脱的面盆中，用手混合均匀。加入 500 克温度为 27℃的水，用手搅拌至以上原料混合均匀。盖好面盆，在室温下静置一整夜。接下来的时间安排都是假设室温为 18 ~ 21℃。

12 ~ 14 小时后，波兰酵头就会完全成熟，其中充满气泡，并且体积会变为原来的 3 倍，每隔几秒钟表面就会冒出气泡。波兰酵头能保持这种成熟的巅峰状态约 2 小时，除非室温比上面假设的更高——比如说 24℃以上——在这种情况下，波兰酵头成熟的巅峰状态只能保持约 1 小时。酵头成熟后你就可以制作最终面团了。

2. 制作最终面团 将 500 克面粉放入 12 夸脱的圆形面盆中，加入 21 克盐和 3 克（3/4 小勺）酵母粉，用手混合均匀。

沿着盛放波兰酵头的面盆边缘转着圈倒入 250 克温度为 41℃的水，使其在面盆中松动，再将水和波兰酵头的混合物倒入放有面粉的 12 夸脱面盆中。

用手和面，在和面之前将手打湿，这样面团就不会粘手了。（在和面过程中，最好将手在水里蘸 3 ~ 4 次。）交替使用钳式和面法和折叠和面法使所有原料混合均匀。因为一部分原料都在波兰酵头中，而且波兰酵头是在室温下制作的，所以和好的面团的温度将取决于周围环境的温度。如果晚上的温度大约为 19℃，那么和好的面团的温度可能为 23 ~ 24℃。

3. 折叠 和好的面团需折叠（第 73 ~ 74 页）2 ~ 3 次。最好在面团和好之后的 1 小时内进行折叠。

面团和好 2 ~ 3 小时后，当面团的体积达到原来的 2¹⁄₂ 倍时，就可以进行分割了。

4. 分割　用蘸过面粉的手小心地取出面团，将面团放到撒有少量面粉的工作台上。用蘸过面粉的双手再次拿起面团，轻轻放回工作台上，使面团的形状更规整。在面团中间要下刀的地方撒上面粉，然后用面团刀或塑料面团刮板将面团切成大小相同的两个。

5. 整形　在两个发酵篮里撒上面粉。将两个面团按照第 75 ～ 77 页介绍的方法整为紧实度中等的球形面团。将它们分别放到发酵篮中，有接缝的一面朝下。

6. 醒发　在面团顶部撒薄薄的一层面粉。将发酵篮并排放置，盖上厨房毛巾，或者将发酵篮分别放入塑料袋中。面团醒发只需 1 小时左右，所以要提前预热好烤箱。用手指凹痕测试法（第 78 页）来检查它们的醒发程度。

7. 预热　至少在烘焙前 45 分钟就将烤架放到烤箱中层，再将两口荷兰烤锅放在烤架上，盖上盖子。将烤箱预热至 245℃。

如果你只有一口荷兰烤锅，则需要在烘焙前 20 分钟将一个面团放入冷藏室中。在取出第一个面包后将荷兰烤锅预热 5 分钟，继续烘焙即可。

8. 烘焙　就这一步而言，最重要的是不要让你的手或者前臂碰到非常烫的荷兰烤锅。

将醒发好的面团放到撒有少量面粉的工作台上（如果要制作中间有一道缝的面包的话，就要多撒一些面粉）。现在有接缝的一面应该是朝上的，烘焙好后这面是面包的顶部。制作中间有一道缝的面包时（可选），要先在面团顶部的中线上撒上适量的面粉，将直径为 2.5 厘米的擀面杖在面团顶部的中线上压下去。微微滚动擀面杖，使面团中间形成一个深 2.5 厘米的扁平槽。

将经过预热的荷兰烤锅从烤箱中取出，打开盖子，小心地将面包放入热烤锅中，使有接缝的一面朝上。盖好盖子，烘焙 30 分钟，然后打开盖子，再烘焙 20 ～ 30 分钟至整个面包呈深棕色。在打开盖子烘焙 15 分钟后检查面包，以防烤焦。

拿出荷兰烤锅，小心地将它倾斜，倒出面包。将面包放在冷却架上冷却，或者将面包侧放以便空气在它四周流通。至少将面包静置 20 分钟再切片。

波兰酵头丰收面包

这个配方中含有 10% 的全麦面粉、麦芽和少量的麸皮。这款面包的香味使我想起了丰收的麦田。如果你喜欢的话，在将整形完毕的面团放入发酵篮之前，你可以先在篮里撒一层麸皮。麸皮会粘在面团上，烘焙过的麸皮会使面包嚼起来嘎吱嘎吱响。就算面团中没有麸皮，用这个配方制作出的面包仍然不错。不论哪一种方法，波兰酵头都能与其他原料完美搭配，使面包散发出一股黄油味。

这个配方能够制作两个面包，每个重约 680 克，这种面团也适合做佛卡夏。

波兰酵头发酵时间: 12 ~ 14 小时

面团发酵时间: 2 ~ 3 小时

醒发时间: 约 1 小时

时间安排: 下午 6 点开始制作波兰酵头，第二天早晨 8 点制作最终面团，上午 11 点给面团整形，中午开始烘焙。

波兰酵头

原料	用量	
白面粉	500 克	$3^3/_4$ 量杯 +2 大勺
水	500 克，27℃	$2^1/_4$ 量杯
快速酵母粉	0.4 克	接近 1/8 小勺

最终面团 / 烘焙师的百分比配方

原料	最终面团的用量		波兰酵头中的用量	配方中总的用量	烘焙百分比
白面粉	400 克	3 量杯 +2 大勺	500 克	900 克	90%
全麦面粉	100 克	3/4 量杯 +1/2 大勺	0	100 克	10%
水	280 克，41℃	$1^1/_4$ 量杯	500 克	780 克	78%
细海盐	21 克	1 大勺 + 接近 1 小勺	0	21 克	2.1%
快速酵母粉	3 克	3/4 小勺	0.4 克	3.4 克	0.34%
麦芽	50 克	接近 2/3 量杯	0	50 克	5%
麸皮	20 克	1/3 量杯 +1 大勺	0	20 克	2%
波兰酵头	1000 克	全部			50%*

* 波兰酵头的烘焙百分比指的是用于制作波兰酵头的面粉占整个配方中面粉的百分比。

1. **制作波兰酵头**　在你准备烘焙的前一晚，将500克面粉和0.4克（接近1/8小勺）酵母粉放入6夸脱的面盆中，用手混合均匀。加入500克温度为27℃的水，用手搅拌至以上原料混合均匀。盖好面盆，在室温下静置一整夜。接下来的时间安排都是假设室温为18～21℃。

12～14小时后，波兰酵头就会完全成熟，其中充满气泡，并且体积会变为原来的3倍，每隔几秒钟表面就会冒出气泡。波兰酵头能保持这种成熟的巅峰状态约2小时，除非室温比上面假设的更高——比如说24℃以上——在这种情况下，波兰酵头成熟的巅峰状态只能保持约1小时。酵头成熟时你就可以制作最终面团了。

2. **制作最终面团**　将400克白面粉放入12夸脱的圆形面盆中，加入100克全麦面粉、50克麦芽、20克麸皮、21克盐和3克（3/4小勺）酵母粉，用手混合均匀。

沿着盛放波兰酵头的面盆边缘转圈倒入280克温度为41℃的水，使其在面盆中松动，再将水和波兰酵头倒入放有面粉的12夸脱面盆中。

用手和面，在和面之前将手打湿，这样面团就不会粘手了。但是要注意，由于加入了麦芽和麸皮，面团会比较黏。别紧张，只要用另一只手刮下你和面那只手上的小面团就好了。（在和面过程中，最好将手在水里蘸3～4次。）交替使用钳式和面法和折叠和面法，使所有原料混合均匀。因为一部分原料都在波兰酵头中，而且波兰酵头是在室温下制作的，所以和好的面团的温度将取决于周围环境的温度。如果晚上的温度大约为19℃，那么和好的面团的温度可能会为23～24℃。

3. **折叠**　和好的面团需折叠（第73～74页）2～3次。最好在面团和好之后的1小时内进行折叠。

面团和好2～3小时后，当面团的体积变为原来的2¹/₂倍时，就可以进行分割了。

4. **分割**　用蘸过面粉的手小心地取出面团，将面团放到撒有少量面粉的工作台上。用蘸过面粉的双手再次拿起面团，轻轻放回工作台上，使面团的形状更规整。在面团中间要下刀的地方撒上面粉，然后用面团刀或塑料面团刮板将面团切成大小相同的两个。

5. **整形**　在两个发酵篮里撒上面粉。将两个面团按照第75～77页介绍的方法整为紧实度中等的球形面团。将它们分别放到发酵篮中，有接缝的一面朝下。

6. **醒发**　在面团顶部撒薄薄的一层面粉。将发酵篮并排放置，盖上厨房毛巾，或者将发酵篮分别放入塑料袋中。面团醒发只需1小时左右，所以要提前预热好烤箱。用手指凹痕测试法（第78页）来检查它们的醒发程度。

7. **预热**　至少在烘焙前45分钟就将烤架放到烤箱中层，再将两口荷兰烤锅放在烤架上，盖上盖子。将烤箱预热至245℃。

如果你想在面包表皮上再裹一层麸皮，每个面团用大约 10 克的麸皮就可以了（如果太多的话就不能粘在面团上了），将麸皮均匀地撒在撒有面粉的空发酵篮里。在将面团放入发酵篮之前，使其有接缝的一面朝上，然后在这面喷一些水，这样麸皮更容易粘到面包上。如果你没有喷壶，可以用手在面包这面抹薄薄的一层水。将面团放入发酵篮中，还是像平时一样，有接缝的一面朝下。在面团醒发的过程中，麸皮就会粘到面团上。

如果你只有一口荷兰烤锅，则需要在烘焙前 20 分钟将一个面团放入冷藏室中。在取出第一个面包后将荷兰烤锅预热 5 分钟，继续烘焙即可。

8. **烘焙**　就这一步而言，最重要的是不要让你的手或者前臂碰到非常烫的荷兰烤锅。

将醒发好的面团放到撒有少量面粉的工作台上，要时刻谨记面团的顶部是有接缝的一面。

将经过预热的荷兰烤锅从烤箱中取出，打开盖子，小心地将面团放入热烤锅中，使有接缝的一面朝上。盖好盖子，烘焙 30 分钟，然后小心地打开盖子，再烘焙 20 分钟，或至整个面包呈深棕色。在打开盖子烘焙 15 分钟后检查面包，以防烤焦。

拿出荷兰烤锅，小心地将它倾斜，取出面包。将面包放在冷却架上冷却，或者将面包侧放使空气能在它四周流通。在切片前至少将面包静置 20 分钟。

80% 意式酵头白面包

这个配方中 80% 的面粉要用于制作酵头！那样是不是太酷了？第二天早晨制作最终面团时是非常有趣的，你只需要将 200 克面粉和少许的水、盐、酵母粉混合均匀，再倒入充满气泡、散发着刺激性气味的意式酵头。你或许会想："这样做真的可以吗？"这样想很自然——这只是一段奇妙的烘焙之旅的开始。

意式酵头会给面包带来独特的乡土味，但是如果你想要更多的味道该怎么办？这个配方就是答案。它给我们提供了一个用酵头制作更好吃的面包的成功案例。请注意，意式酵头较硬，所以用它制作最终面团时的工作量会多一些，但是也只多几分钟。

我推荐你用这种面团先制作一个面包，然后用剩余的面团制作比萨或者佛卡夏。用它制作出的有馅料的扁平面包的味道更加柔和圆润。你可以按照第十四章中介绍的方法制作比萨，或按照"用面包面团制作佛卡夏"（第 220 页）这一部分中的指导方法制作佛卡夏。这种球形面团放入冷藏室中可保存几天。

这个配方能够制作两个面包，每个重约 680 克，这种面团还适合做比萨或者佛卡夏。
意式酵头发酵时间： 12 ~ 14 小时
面团发酵时间： $2^1/_2$ ~ $3^1/_2$ 小时
醒发时间： 约 1 小时
时间安排： 下午 6 点开始制作意式酵头，第二天早晨 8 点和好最终面团，上午 11 点给面团整形，中午开始烘焙。

意式酵头

原料	用量	
白面粉	800 克	$6^1/_4$ 量杯
水	544 克，27℃	$2^1/_3$ 量杯
快速酵母粉	0.64 克	3/16 小勺

最终面团 / 烘焙师的百分比配方

原料	最终面团的用量		意式酵头中的用量	配方中总的用量	烘焙百分比
白面粉	200 克	$1^1/_2$ 量杯 +1 大勺	800 克	1000 克	100%
水	206 克，41℃	7/8 量杯	544 克	750 克	75%
细海盐	22 克	1 大勺 + 1 小勺	0	22 克	2.2%
快速酵母粉	2 克	1/2 小勺	0.64 克	2.64 克	0.26%
意式酵头	1345 克	全部			80%*

* 意式酵头的烘焙百分比指的是用于制作意式酵头的面粉占整个配方中面粉的百分比。

1. **制作意式酵头** 在你准备烘焙的前一晚，将 800 克面粉倒入 6 夸脱的面盆中。在一个容器中倒入 544 克温度为 27℃的水，在另一个更小的容器中放入 0.64 克（3/16 小勺）酵母粉。从温度为 27℃的水中舀 3 大勺倒入盛酵母粉的容器中，静置几分钟，然后用手搅拌均匀；酵母粉可能不会完全溶解，但是你已经给了它一个不错的开始。

将酵母溶液倒入盛有面粉的面盆中。再舀几大勺温度为 27℃的水倒入盛酵母的容器中，搅拌使剩余的酵母粉溶解在水里，再将酵母溶液和剩余的水倒入面盆中。

用手和面，交替使用钳式和面法和折叠和面法，使所有原料混合均匀。盖好面盆，在室温下静置一整夜。接下来的时间安排都是假设室温为 18 ~ 21℃。

12 ~ 14 小时后，意式酵头就会完全成熟，顶部就会形成微微的圆顶，并且体积会变为原来的 3 倍。意式酵头表面会出现很多气泡，产生一股强烈、难闻的酒精味。这时你就可以用它制作最终面团了。

2. **制作最终面团** 将 200 克面粉放入 12 夸脱的圆形面盆中，加入 22 克盐和 2 克（1/2 小勺）酵母粉，用手混合均匀。再倒入 206 克温度为 41℃的水，用手将以上原料混合均匀。用手从容器中取出意式酵头，放入面盆。

用手和面，在和面之前将手打湿，这样面团就不会粘手了。（在和面过程中，最好将手在水里蘸 3 ~ 4 次。）交替使用钳式和面法和折叠和面法，使所有原料混合均匀。这种面团中大部分的原料都在意式酵头中，而且意式酵头是在室温下制作的，所以最终面团的温度将取决于周围环境的温度。如果晚上的温度大约为 19℃，那么和好的面团的温度也不会比 23℃高很多。但对这种面团来说这种温度是最好的，虽然一般来说最终面团的温度为 26 ~ 27℃比较理想。如果最终制得的面团的温度是 23℃，面团发酵将需要 3½ 小时；如果和好的面团的温度为 26 ~ 27℃，那可能需要 2½ ~ 3 小时。

3. **折叠** 和好的面团需折叠（第 73 ~ 74 页）2 ~ 3 次。最好在面团和好之后的 1½ 小时内进行折叠。面团和好 2½ ~ 3½ 小时后，当面团的体积变为原来的 3 倍时，就可以进行分割了。

4. **分割** 用蘸过面粉的手小心地取出面团，将面团放到撒有少量面粉的工作台上。用蘸有面粉的双手再次拿起面团，轻轻放回工作台上，使面团的形状更规整。在面团中间要下刀的地方撒上面粉，然后用面团刀或塑料面团刮板将面团切成大小相同的两个。

5. **整形** 在两个发酵篮里撒上面粉。将两个面团按照第 75 ~ 77 页介绍的方法整为紧实度中等的球形面团。将它们放到发酵篮中，有接缝的一面朝下。

6. **醒发** 在面团顶部撒薄薄的一层面粉。将发酵篮并排放置，盖上厨房毛巾，或者将发酵篮分别放入塑料袋中。面团的醒发只需 1 小时左右，需要提前预热好烤箱。用手指凹痕测试法（第 78 页）来检查它们的醒发程度。

7. **预热**　至少在烘焙前 45 分钟就将烤架放到烤箱中层，再将两口荷兰烤锅放在烤架上，盖上盖子。将烤箱预热至 245℃。

如果你只有一口荷兰烤锅，则需要在烘焙前 20 分钟将一个面团放入冷藏室中。在取出第一个面包后将荷兰烤锅预热 5 分钟，继续烘焙即可。

8. **烘焙**　就这一步而言，最重要的是不要让你的手或者前臂碰到非常烫的荷兰烤锅。

将醒发好的面团放到撒有少量面粉的工作台上，要时刻谨记面团的顶部是有接缝的一面。

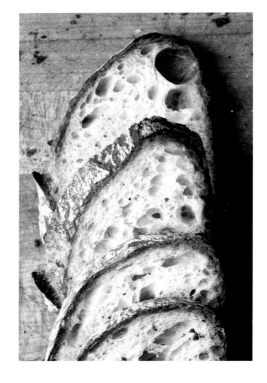

将经过预热的荷兰烤锅从烤箱中取出，打开盖子，小心地将面团放入热烤锅中，使有接缝的一面朝上。盖好盖子，烘焙 30 分钟，然后小心地打开盖子，再烘焙 20 ~ 30 分钟至整个面包呈深棕色。在打开盖子烘焙 15 分钟后检查面包，以防烤焦。

拿出荷兰烤锅，小心地将它倾斜，倒出面包。将面包放在冷却架上冷却，或者将面包侧放以便空气在它四周流通。至少将面包静置 20 分钟再切片。

50% 意式酵头全麦面包

这个配方是用意式酵头制作全麦面包。我喜欢这款面包中意式酵头的乡土味以及全麦面粉中麦芽和麸皮的香味。另外，这款面包的纤维素含量也很高。这是一种非常好的三明治面包，用它来制作烤面包丁也非常不错，我也喜欢将它搭配新鲜奶酪或者黄油和蜂蜜一起吃。用它来制作分层的慕斯和馅饼也非常好，还可以在上面放一些杏子酱。如果再撒上开心果碎，那就更棒了！

这个配方能够制作两个面包，每个重约 680 克，这种面团也适合做佛卡夏。

意式酵头发酵时间： 12 ~ 14 小时

面团发酵时间： 3 ~ 4 小时

醒发时间： 约 1 小时

时间安排： 下午 6 点开始制作意式酵头，第二天早晨 8 点制作最终面团，上午 11 点给面团整形，在中午开始烘焙。

意式酵头

原料	用量	
白面粉	500 克	$3^3/_4$ 量杯 +2 大勺
水	340 克，27℃	$1^1/_2$ 量杯
快速酵母粉	0.4 克	接近 1/8 小勺

最终面团 / 烘焙师的百分比配方

原料	最终面团的用量		意式酵头中的用量	配方中总的用量	烘焙百分比
白面粉	0	0	500 克	500 克	50%
全麦面粉	500 克	$3^3/_4$ 量杯 +2 大勺	0	500 克	50%
水	460 克，38℃	2 量杯	340 克	800 克	80%
细海盐	22 克	1 大勺 + 1 小勺	0	22 克	2.2%
速溶干酵母	3 克	3/4 小勺	0.4 克	3.4 克	0.34%
意式酵头	840 克	全部			50%*

＊意式酵头的烘焙百分比指的是用于制作意式酵头的面粉占整个配方中面粉的百分比。

1. **制作意式酵头** 在你准备烘焙的前一晚，将 500 克面粉倒入 6 夸脱的面盆中。在另外一个容器里倒入 340 克温度为 27℃的水。在另一个更小的容器中放入 0.4 克（接近 1/8 小勺）酵母粉。从温度为 27℃的水中舀 3 大勺倒入盛酵母粉的容器中，静置几分钟，然后用手搅拌均匀，酵母粉可能不会完全溶解，但是你已经给了它一个不错的开始。

将酵母溶液倒入盛有面粉的面盆中。再往盛酵母的容器中舀几大勺温度为 27℃的水，搅拌使剩余的酵母粉溶解在水里，再将酵母溶液和剩余的水倒入面盆中。

用手和面，交替使用钳式和面法和折叠和面法，使所有原料混合均匀。盖好面盆，在室温下静置一整夜。接下来的时间安排都是假设室温为 18 ~ 21℃。

12 ~ 14 小时后，意式酵头就会完全成熟，顶部就会形成微微的圆顶，并且体积会变为原来的 3 倍。意式酵头表面会产生很多气泡，产生一股强烈的酒精味。这时你就可以用它制作最终面团了。

2. 制作最终面团　将 500 克全麦面粉放入 12 夸脱的圆形面盆中，加入 22 克盐和 3 克（3/4 小勺）速溶干酵母，用手混合均匀。再倒入 460 克温度为 38℃ 的水，用手将以上原料混合均匀。用手从容器中取出意式酵头，放入面盆。

用手和面，在和面之前将手打湿，这样面团就不会粘手了。（在和面过程中，最好将手在水里蘸 3 ~ 4 次。）交替使用钳式和面法和折叠和面法，使所有原料混合均匀。和好的面团的温度应为 27℃。

3. 折叠　和好的面团需折叠（第 73 ~ 74 页）2 ~ 3 次。最好在制作好面团之后的 1¹/₂ 小时内进行折叠。

面团和好 3 ~ 4 小时后，当面团的体积变为原来的 3 倍时，就可以进行分割了。

4. 分割　用蘸过面粉的手小心地取出面团，将面团放到撒有少量面粉的工作台上。用蘸过面粉的双手再次拿起面团，轻轻放回工作台上，使面团的形状更规整。在面团中间要下刀的地方撒上面粉，然后用面团刀或塑料面团刮板将面团切成大小相同的两个。

5. 整形　在两个发酵篮里撒上面粉。将两个面团按照第 75 ~ 77 页介绍的方法整为紧实度中等的球形面团。将它们放到发酵篮中，有接缝的一面朝下。

6. 醒发　在面团顶部撒薄薄的一层面粉。将发酵篮并排放置，盖上厨房毛巾，或者将发酵篮分别放入塑料袋中。面团的醒发只需 1 小时左右，需要提前预热好烤箱。用手指凹痕测试法（第 78 页）来检查它们的醒发程度。

7. 预热　至少在烘焙前 45 分钟就将烤架放到烤箱中层，再将两口荷兰烤锅放在烤架上，盖上盖子。将烤箱预热至 245℃。

如果你只有一口荷兰烤锅，则需要在烘焙前 20 分钟将一个面团放入冷藏室中。在取出第一个面包后将荷兰烤锅预热 5 分钟，继续烘焙即可。

8. 烘焙　就这一步而言，最重要的是不要让你的手或者前臂碰到非常烫的荷兰烤锅。

将醒发好的面团放到撒有少量面粉的工作台上，要时刻谨记面团的顶部是有接缝的一面。

将经过预热的荷兰烤锅从烤箱中取出，打开盖子，小心地将面团放入热烤锅中，使有接缝的一面朝上。盖好盖子，烘焙 30 分钟，然后小心地打开盖子，再烘焙 20 ~ 25 分钟至整个面包呈深棕色。在打开盖子烘焙 15 分钟后检查面包，以防烤焦。

拿出荷兰烤锅，小心地将它倾斜，取出面包。将面包放在冷却架上冷却，或者将面包侧放使空气能在它四周流通。至少将面包静置 20 分钟再切片。

早晨面包烘焙师的工作

在面包房开张最初的几年里，我一周有三四天要在早晨到达面包房。在其他几天我上下午班，这意味着我要制作天然酵种面团，烘焙大量的法棍和布里欧修，将第二天早晨要烘焙的天然酵种面团分割并整形，为第二天早晨要用的法棍面团和夏巴塔面团制作酵头（波兰酵头和意式酵头），制作下午晚一些时候需要的天然酵种，然后打扫面包房、锁门。无论是早班还是晚班，周日和周一我都会去送面包，并且随时待命以准备处理一切事情。有时我会烘焙油酥点心和可颂，有时我会站柜台。此外，我还需要抽出时间来处理办公室的事务：生产安排、批发账户管理、记账以及员工管理。每个月我都要开车穿过小镇去狗毛啤酒厂从酿酒商艾伦·斯普林兹那里买一桶酒糟（在那快速地喝一杯弗雷德）用来做黑麦面包。面团总在不停地变化。抽出二三十分钟来办其他事确实非常紧张。而暂停按钮又在哪里呢？！

随着面包房不断发展，我有能力雇佣更多的员工了。渐渐地，我能从日复一日的生产中抽身出来，我要感谢我的员工，他们不仅能够完成日常的工作，而且还能保证面包房产品的高品质。我的绝大多数员工都要一直工作八小时，除了有时吸根烟或者快速地吃点儿东西之外，他们都一直不停歇地工作。

下面就是最近我们早晨烘焙面包的时间表。通过它你可以了解到，这一工作不能停顿，而且一直到今天都是按照这样的方式轮班工作。

3:30　到达面包房。将烤箱预热至260℃。检查面盆中的波兰酵头和意式酵头，看它们是否达到了最佳成熟状态，能否用于制作面团了。

将装有可颂面团和其他维也纳甜面包面团的烤盘从冰箱和延缓室中取出，准备烘焙。将可颂面团放在烤架上醒发，这样它们在差不多6点的时候就可以烘焙了。如果面包房比较冷，则可以将烤架放到工作中的烤箱前。

从延缓室里拿出一袋面粉，它已经在延缓室里放了一整夜，这样可以保证和好的面团在高温的面包房中能达到合适的温度（和面机的摩擦也会使面团的温度升高）。

4:00　浸泡法棍面团的原料。称量面粉（通常需要60～80千克，取决于今天混合面粉的种类），将面粉倒入和面机中。从两腿之间提起装满冷水的大桶（虽然样子可能不太雅观），将水倒入和面机中。如果和面机温度过高，可以在冷水中加入一些冰块防止和面机过热——要用钢刀先将冰块敲碎。先称量冰块和水的重量，使其达到配方所需的用量，然后倒入和面机中。我们用那种能盛放20多千克水的面盆——有经验的烘焙师都知道，每天水的用量都是相同的。因此，如果制作法棍需要42.4千克水，我会把一个空面盆放到秤上，分两次称量40千克水，最后再称量剩下的2.4千克水。打开和面机，先低速搅拌1分钟，然后反向搅拌5～10秒，使搅拌缸底部的面粉都能添加到面团中。

关闭和面机。将定时器设为20分钟。现在，可以回到办公室放点儿音乐，喝杯咖啡轻松一下。

4:15　称量用来制作法棍面团和夏巴塔面团的酵母和盐。往和面机中倒入前一天下午制作好的波兰酵头。根据制作时间和面团的不同，需要3～6盆波兰酵头，而且波兰酵头在早晨的时候一定要达到最佳成熟状态——酵头表面有数百个小气泡，就像西米露的表面一样。如果你盯着看的话，你会看到波兰酵头表面不时冒出气泡。取出波兰酵头的法式传统方法就是沿着盛酵头的容器边缘倒一些水，使酵头与容器分离，但是我发现波兰酵头能很容易滑入搅拌缸中，尤其是用手和塑料面团刮板移动它的时候。加入鲜酵母和盐。

4:25　将和面机调到第一挡开始制作法棍面团，定时5分钟。将原来盛放酵头的空盆洗干净。取一摞空面盆和一条毛巾，将它们放到工作台上，在7个或者更多的面盆中抹上油，用于盛放做好的法棍面团。

4:30　定时器停止。将和面机的速度调至第二挡，定时4分钟。

4:35　和好法棍面团。用温度计测量面团温度——应该在23℃左右。将面团放到涂有油的面盆中，每个面盆中的面团为14千克。将装有面团的面盆放入延缓室中，准备下午烘焙法棍，这与这一天的面团制作表是一致的。在制作表上记录和好的面团的温度和完成时的时间。将需在早晨 6:15 左右烘焙的面团分割、静置。

4:45　喂养天然酵种。前一天下午就和好的天然酵种面团现在已经充满气泡、带有酸味和皮革味，总体来说有点儿难闻。先留下少量的天然酵种，将其余的都扔进垃圾桶。处理天然酵种时要戴上食品用安全手套，因为天然酵种中的酸会腐蚀敏感部位的皮肤（我曾经就伤到了手指头）。剩下的这点儿天然酵种看起来不太可能可以制作好几百个天然酵种面包，但是它的确可以——酵母发酵的速度比兔子跑的速度还快。往面盆中加入几千克面粉和温水，用手混合均匀。

4:55　浸泡夏巴塔面团的原料。再一次从冰箱中取出冷水放到和面机旁边，从延缓室中取出冷却的一袋面粉。我假装在听罗利说话，他是一个乳制品推销员，他每天差不多都在这个时候出现，在我累了但是仍然想集中精力工作的时候他会给我讲故事。回想一下，罗利真是一个非常不错的人，但是我仍然想让他闭嘴。根据前一天就计算好的原料表称量面粉和水。用和面机第一挡搅拌面粉和水至完全混合。

5:00　烘焙天然酵种面包（金色乡村球形面包、棕色乡村球形面包、大个的球形面包和核桃仁面包）。接下来的 20 分钟里，将 144 个常规大小的天然酵种面团放到烤箱中。

5:25　开始制作夏巴塔面团。在浸泡过的面粉和水中加入几盆意式酵头——酵头能给夏巴塔带来极好的口感——再放入干酵母和盐，用和面机第一挡混合均匀。设好定时器。

（我们在法棍面团中使用鲜烘焙酵母，在夏巴塔面团中使用燕牌快速酵母粉，部分原因在于这样能防止早班的烘焙师把提前称量好用于搅拌的酵母粉和盐搞混了。永远不要低估早晨半梦半醒的头脑犯错误的能力，因为并没有很多时间让烘焙师反应。）

检查烤箱中的面包，将烤箱温度调至 250℃。

将葡萄干山核桃面包面团从延缓室中取出，将其分成 20 多个小面团，每个约 475 克。将它们捏成小鱼雷的形状放到醒发板上，再放到烤架上盖好。

检查夏巴塔面团，将和面机调至第二挡，重新设置定时器。在七八个面盆中抹上油，用于盛放夏巴塔面团，因为这种面团又湿又黏，并且在发酵过程中需要数次折叠才能增大强度。如果面盆没有抹足够的油，那么面团就可能粘到面盆上，但你却没有足够的时间来处理。

从烤箱的第一层和第二层烤架上取出烤好的面包。

5:45　给葡萄干山核桃面包面团整形。

6:00　检查烤箱中剩余的面包。和好夏巴塔面团，测量面团的温度。

如果烤箱中第三层和第四层的面包还没有烤好，可以先将夏巴塔面团从和面机的搅拌缸中取出来，分割、称重后放入抹有油的面盆中。虽然这10分钟的工作最好从头到尾都不要停，但是时间安排却不允许那样做。如果我离开烤箱的时间只有5分钟，我也会做这项工作。在将面团从和面机的搅拌缸中取出来之前，我会先把左臂完全浸湿（水槽就在那里），将手伸进搅拌缸中，拿起一大部分的面团，用另一只手拿住面包刀，切下这部分——要注意整个过程中不要撕扯面团。在每个面盆中放入大约7千克面团（如果更多的话面团就会溢出容器，因为在面团发酵过程中，其体积会变为原来的3倍）。将面盆放在工作台旁边的推车上。我经常会把推车推来推去，比如从和面机取出面团时，把车推到烤箱旁边检查面包时。

在和面机中留下足够的面团用于制作多谷物面包，加入混合谷物，混合均匀。将和好的面团放到另一个抹有油的面盆中。将和面机搅拌缸中的面团刮干净，不要留下一丁点儿面团。

将整个烤箱重新装满。由于法棍面团需要我在早晨6:15的时候处理它，因此如果我还没有准备好，我就会让第二炉面包烘焙得非常快，就像过度工作的齿轮快速咬合一样。如果时间需要我加快速度，那么就加快速度来做吧。

6:15　开始分割法棍面团。我们手工进行这项操作。在工作台上撒一层面粉，将面盆倾斜，用刮刀轻轻地将面团刮出面盆，倒在工作台上。在面团旁边放一台厨房秤。用毛巾抹掉面团表面多余的油，在上面再撒一层面粉，用面团刮板分割面团，然后称量每个面团。许多烘焙房都会用一种叫作分割器的工具来自动进行这项工作，这样效果也很好，但是我仍然喜欢用旧式纯手工的方法来分割面团，给面团整形。

6:45　对每个面盆中的夏巴塔面团进行一次折叠。对面盆中的天然酵种进行一次折叠。

检查烤箱，将烘焙好的天然酵种面包取出。当下列面包都做好时，天然酵种面包的烘焙就完成了，其中包括3千克的金色乡村球形面包、2千克的棕色乡村球形面包（怀旧的普瓦拉纳面包）、棕色乡村巴塔面包、金色乡村巴塔面包、为一个餐馆做的一种金色乡村半法棍、核桃仁面包、核桃仁小面包、棕色乡村面包和金色乡村面包。

6:55　开始给法棍面团整形。一名优秀的烘焙师可以在一个小时内分割、静置、整形至少100个法棍面团。虽然这项工作需要双手又快又熟练地操作，并且要一直工作不能停歇，但这也给了我第一个放松的机会。早晨的和面工作都已经完成了，面团在面盆中膨胀，天然酵种面包已经烘焙完成并且从烤箱中取出来了，所有的工作都在按照时间表进行。我们就只是给法棍面团整形，暂时不用做其他的事情了。当然，有超过100个法棍面团等着整形。

7:45　再一次喂养天然酵种。阅读生产计划，看一看今天需要制作多少天然酵种面包。从第一批天然酵种中称量出需要使用的量，将其余的扔掉。这次喂养需要使用和面机。

对每个面盆中的夏巴塔面团进行第二次折叠。

7:55　开始烘焙法棍，如果能早一点儿就更好了。我们需要用法棍来迎接早晨的客人，还用它来制作非常流行的火腿三明治（抹上一层黄油，再放上少量火腿片和奶酪片——所有原料的味道都达到了平衡，而且刚出炉的面包有着美妙的香气，非常新鲜）。我压力最大的事是将法棍从烤箱中取出后只来得及冷却，而来不及装袋。我们不能在法棍还热的时候装袋，否则就会把袋子烫坏，法棍自身的水蒸气也会使其表皮变软。

8:45　法棍烘焙完成。将烤箱收拾干净，将发酵布放到烤架上晾干。（发酵布是一块一块的麻布，它们有助于面团——法棍、球形面包和巴塔面包的面团——在发酵过程中保持形状。它们会吸收面团中的湿气，在下一次使用之前，最好先完全晾干。）

9:00　将夏巴塔面团（我最喜欢处理和烘焙的面团）切成长条形和圆形。因为每个面盆中 7 千克夏巴塔面团的体积都已经变成了原来体积的 3 倍，面团就会粘在面盆的边缘。将面盆倒扣在撒有厚厚的一层面粉的工作台上，因为我已经提前在面盆中抹了一层油，面团一下子就可以掉出来。面团的形状会和面盆的一样，这是因为在发酵时进行了折叠。将大面团（面团上有很多气泡）切成小面团：15 厘米宽、35 ~ 40 厘米长的小面团制成的夏巴塔用于零售，75 厘米长的小面团制成的夏巴塔用于供给餐馆。将整形完毕的面团放到撒有适量面粉的发酵布上醒发。

9:30　清理制作面包的工作台。和好布里欧修面团。

10:15　开始烘焙夏巴塔，将它们放进温度接近 260℃非常热的烤箱中。没有经过割包的面包会自然地沿着裂缝开花，外观非常漂亮。

11:15　将夏巴塔从烤箱中取出，放到冷却架，它们会发出很响的断裂声，就像小孩在敲打木头一样。

将烤箱收拾干净，向一天中剩下的时间问好。

硬件设施

肯的手工面包房有一间约 110 平方米的开放式厨房、一个柜台、一个 70 平方米的咖啡吧（那里有十张小桌子和一张大桌子），还有一个 1.8 米 ×2.5 米的办公区、衣帽间、储藏室，还有一套家庭音响系统。在办公室里有一张办公桌、一把椅子、一个保险箱、大约 40 双鞋、背包、夹克、帽子、围巾、我的书架、一大瓶布洛芬、一个急救箱、许多邦迪创可贴、抽屉柜、电脑、打印机、iPod 底座和扬声器、打印纸、备用灯泡、垃圾桶以及我们库存的葡萄酒，通常会有五箱——噢，对了，还有热水器！

面包房的基本配置包括烘焙师的工作台、和面机、洗手池、成堆的面粉袋、可以挂在墙上的塑料文件夹（用于记录天然酵种的喂养细节）、每日的面团清单以及制作可颂面团和布里欧修面团的公式表。和面机在工作的时候看起来非常棒，一次可以搅拌 135 千克面团。在和面机旁边放一辆推车，车里要有一台秤、一把长锯齿刀（用于从和面机中切下面团）、两块柔韧的面团刮板——一块是直边的，用于切割面团；另一块是弧形边的，用于将搅拌缸中的面团刮出来。

烤箱在面包房的另一边，大约十五步远。早晨，我们会在烤箱中的面包和和面机中的面团之间，踏着每一次快速奔跑时留下的面粉印来回跑动——喂养天然酵种、折叠面团、接收送上门的牛奶或鸡蛋。

第三部分
天然酵种面包配方

第七章
天然酵种面包

野生酵母菌无处不在，如空气中、土壤中和蔬菜上，在糖含量高的地方（比如果皮上和谷物表面）尤其多。面粉中的野生酵母菌是处于休眠状态的。商业酵母（酿酒酵母）是单一酵母——人工培育的单细胞酵母，它以粉末或者湿润的小块的形式出售。

在现代化生产中使用人工培育的单一酵母之前，所有的天然酵种面包都是用野生酵母菌发酵的，这种面包就是现在美国所说的酸面团面包。这就是面包在过去5000年的历史中主要的发酵方法。

法语中的"levain"是从拉丁语"levare"演变而来的，它的意思是膨胀。"mother""chef"和"levain"都描述了相同的东西：烘焙师用来发酵面团的天然酵种。一些烘焙师会用不同的词表示同一酵种的不同阶段；或者用不同的词表示不同的酵种。"chef"通常是指单独喂养的主酵种，"starter"只是"chef"的一部分，用来制作最终面团。我通常会用单一方法来喂养一种天然酵种，当它达到一定成熟度时，就用它来发酵最终面团。我常常用"levain"表示各个阶段的天然酵种。

我不会将通过自然发酵制作的面包叫作酸面团面包，因为很多人认为酸面团面包是带有酸味的面包，余味会有强烈的醋酸味。在法国，酸面团面包常被认为是发酵方法错误的面包。在旧金山，人们却非常喜欢它的味道——虽然现在这种情况有些改变。我喜欢的面包融合了谷物和酵母的味道，总的来说它很细腻，并且不酸。

天然酵种中含有多种野生酵母菌，能够制作芳香可口的面包和其他食品。相比用快速酵母粉制作的面包，天然酵种面包的保质期更长。天然酵种里的酵母菌中含有上千万的可以快速繁殖和排出气体的单细胞有机物。我知道我能让它们去做我想让它们做的事。

　　烘焙师能在任何地方喂养他们的天然酵种，每天喂养一次或几小时喂养一次。接下来，我将向你介绍仅仅用面粉和水培育新的天然酵种是一件多么简单的事，还会给出每天喂养一次的时间表。然后，我还会向大家介绍如何喂养已经培养成功的天然酵种，如何将其保存在冰箱里，如何在下次使用时将其激活。

控制味道

　　用天然酵种制作面包是一种发酵工艺，在某些方面与制作葡萄酒非常相似：都是通过发酵来使最后的产品获得人们想要的风味和复合味道。

　　天然酵种面包的品质如何取决于多种因素：水的用量、喂养酵种时的水温、面粉的种类、每一次喂养或激活天然酵种时酵种和新加入面粉的比例、喂养时间表、天然酵种的保存温度、天然酵种的发酵程度以及在制作最终面团时天然酵种的用量。天然酵种面包的香气、味道、外观和一天当中所生产面包的品质的一致性，这些都能反映烘焙师的技术——从某种程度上说是他们的个人标志。一名真正的手工烘焙师懂得如何通过调节较少的变量（可能会产生许多不同的结果）来制作出最想要的那一种面包。在本书中，我会给出具体的操作步骤，教你制作和使用天然酵种，然后会讲解如何调节变量来制作符合你口味的面包。天然酵种面包是最能体现烘焙师个性的面包。

　　天然酵种面包的味道的复杂程度取决于野生酵母菌和细菌的发酵活动以及发酵所产生的气体、乳酸和醋酸，当然还有发酵所需要的时间。我所提到的"更少的酵母和更长的时间"指的就是这些。将天然酵种面团放到温度较低的延缓室中延长发酵时间，可以极大地提升面包的味道，使用更少的酵母，让面团在室温下发酵更长时间也能达到同样的效果。细菌的发酵和酸增加了面包的口感和香味，这些复杂的生化反应需要足够多的时间。

　　酸是酸面团酸味的来源。像醋一样的味道基本上来自醋酸，乳酸通常存在于牛奶中，会给面包带来牛奶或者黄油的味道。这两种酸的余味都十分明显。许多天然酵种面包的酸味总是会偏向醋酸味或者乳酸味。旧金山酸面团面包就是具有浓烈醋酸味面包的代表——想象一下醋的味道。天然酵种如果保存在较冷的环境中，用它做出的面包就会更加偏向醋酸味，较硬的天然酵种也是这样。由液体天然酵种（等量的面粉和水制成，像汤一样稀）制作的面包会有完全不同的味道，接近于乳酸味。就像在温度较高的环境中用上面发酵方式酿造艾尔啤酒一样，温度较高的天然酵种会刺激乳酸的形成，使面包产生水果发酵的味道，尤其是当酵种完全成熟时。

还想了解更多的细节吗？这儿还有。由俄勒冈州卡梅伦酒厂的泰瑞·沃兹沃思和约翰·保罗总结的。天然酵种是乳酸菌和酵母菌共生的酵种。乳酸菌由多种细菌组成，可以使碳水化合物发酵，产生乳酸、二氧化碳、少量酒精和香味成分。在适当的条件下，乳酸菌也能产生醋酸。在天然酵种中，乳酸菌主要以酵母菌新陈代谢的产物为食。如同天然酵种发酵一样，细菌生长、产生酸和其他味道也需要时间。乳酸菌对许多发酵产品（比如酸奶、啤酒、咸菜、酸白菜和奶酪）来说是非常重要的，而且它们产生的酸性物质能阻碍腐败有机物的生长。

我还可以继续介绍酒精在发酵过度的情况下是如何转变为醋酸的，但是我不想偏离主题，即如何在厨房中控制变量来制作优质的天然酵种面包。本章最后的"影响天然酵种的变量"，对部分变量进行了概述并提到了它们对味道的影响。

酵种生长

在培养新天然酵种的几天时间内，你可以通过看、摸、闻来了解它。在你将水和面粉混合之后，它看起来像面团还是像面糊，取决于用水量。48 小时后，也就是经过两天喂养之后，酵种就会充满气泡，体积变为原来的 4 倍。你能看到酵种中有许多气泡，它的结构就像网一样。随着天然酵种的逐渐成熟，它会产生芳香的味道，有时也会产生刺激性的酒精味，令鼻子发酸。在我的面包房中，我们有时会用全麦面粉来制作天然酵种，而且我在本书中也提供了这种配方。这样制作的天然酵种会在成熟的过程中产生有趣的酒精味道。这种味道会把我的思绪带到远方，我会停止思考，而且我虽然是睁开眼睛的，但根本看不到任何东西。

单个的酵母菌可以分裂或者出芽，数量变成原来的十几倍。在适当的环境中，这种繁殖方式以及它的后代，又产生了上千万个酵母菌，而且每一个酵母菌都可以使面团膨胀并产生带有香味的气体。每一次用面粉和水喂养酵种时，酵母菌就开始新一轮的繁殖和发酵活动，最终整个面团都会充满气泡，它们具有活性，可以用于制作更多的面包。

区分神话与现实

大多数时候，某些酸面团酵种来自某个地方，甚至是从过去制作的酸面团酵种中留下的。例如，许多人都说只有在旧金山你才能做出正宗的旧金山酸面团面包。与此类似，有些人坚信他们的天然酵种非常特殊，因为它们已经保存了几十年，或者是从别人给他们的某种酵种中取出的，或者是他们通过邮寄的方式从远方购买的。虽然某个地方会有少量本地的酵母菌和细菌，但是每个地方酸面团中的菌群却是基本相同的。天然酵种从哪儿来并不重要，它是如何做成的、用了什么样的原料，才是决定面包味道的重要因素。

往天然酵种中加入水果

许多人坚信他们的天然酵种特殊是由培养方法决定的。例如，往面粉和水的混合物中加入一串葡萄。我不同意这么做。葡萄酒酵母存在于葡萄中，因为那里才是适合它们的环境。葡萄酒酵母在面粉中却不能大量存活。重申一次，并非天然酵种的制作方法决定了它的表现和味道，关键在于如何喂养它。自然选择定律在面粉中也同样适用。在天然酵种中加入葡萄、苹果或者其他类似的原料能为发酵活动和香气的产生提供糖。麦芽也会有相同的作用：给酵母菌提供食物。在酵种制作开始时产生的许多微生物并不能在接下来的培养过程中存活；只有那些在培养和喂养过程中能够生长并繁殖的微生物才能存活下来。就像雷蒙德·卡尔韦尔在《面包的味道》（*Le Goût du Pain*）一书中说的："出于这种目的的配方都会非常有趣，包括用葡萄汁、土豆、葡萄干、酸奶、蜂蜜等喂养酵种，但我只是用合适的面包粉来制作。"

我曾经说过，我没有任何理由反对将高品质的水果加入成熟的天然酵种中，而且我知道一名烘焙师用蜂蜜制作特殊的天然酵种。我只想打破天然酵种中有决定其特征因素的神话。在我的面包房中，我们用苹果汁制作的天然酵种来制作苹果面包。最棒的是我从史蒂夫·麦卡锡开办的清澈小溪酒厂拿了一桶捣烂的苹果放到一些天然酵种中，然后用它制成芭芭蛋糕面团，这样做成的蛋糕是我吃过的最好吃的东西。

平衡的好处

我在做天然酵种面包时，喜欢使面包的味道介于醋酸和乳酸之间，味道柔和、芳香四溢，这样的面包无论单吃还是作为葡萄酒或其他食物的搭配都很好。这样的面包味道好、有硬皮、香气扑鼻，也是我百吃不厌的一种面包。我想每天都吃到这样的面包。

本书配方中天然酵种的水化度为 80%，这意味着其中水的用量占面粉的 80%。天然酵种可以更硬一些，水化度可以低到 60% ~ 65%，在这种情况下它更容易做成球形面团。它们也可以更湿——水化度高达 100%。真的，天然酵种的水化度可以是任何数值，但是通常都为 60% ~ 100%。

在我的面包房中，我们使用的天然酵种的水化度与最终面团的水化度大致相同。我发现，这样要比混合水化度不同的天然酵种与面团简单得多。这样做的结果就是你可以品尝到面包中小麦的味道、发酵的味道以及其他原料和谐地混合在一起的微妙味道，而且每一种味道都不会掩盖住其他味道。

天然酵种的原料

在肯的手工面包房中，我们用全麦面粉和白面粉混合制作天然酵种，我在这本书中也建议大家这么做。这样的面粉与法国少数小手工磨坊中用石磨磨出的面粉极为接近。我开始这样做是因为我想在美国做出与我的巴黎烘焙师偶像做出的棕色乡村面包一样的面包，或者与那种面包相似的面包。

烘焙师通常会通过往最终面团（而非天然酵种）中添加商业酵母作为天然酵种的补充。本书中的许多天然酵种配方都需要添加从商店买来的酵母粉。这看起来似乎与纯粹的天然酵种烘焙理念是相悖的，最初我也这么认为。当我开设了自己的面包房之后，我就想制作一种理想化的天然酵种面包，它只用到天然酵种，而不需要商业酵母和来自布列塔尼海岸的盐之花。

这种面包确实不错，我希望自己能立即尝到这种早期的面包。但是后来我发现，如果我想使面包具有更轻薄的表皮、更大的体积以及更加美妙和谐的味道，加入商业酵母就是实现这些目标的方法。它能有效地产生气体（使面包具有更大的体积），并中和面团的酸性。使酵母菌增加的另一种选择是在早晨喂养天然酵种的同时制作波兰酵头，然后在制作最终面团时加入它。在 2003 年的夏天，我就开始在面包房中这样做了——在制作天然酵种面团（用来做棕色乡村球形面包和金色乡村球形面包）之前的 5 小时制作波兰酵头，然后在最终面团中加入波兰酵头以帮助其发酵。这种方法真的有效，但事实是，用这种方法制作的面包和加入少量的酵母粉制作的面包几乎没有区别，而添加酵母粉是过去100年中在法国比较常用的方法。第九章中混合天然酵种面包是用天然酵种和少量的商业酵母来发酵的，而第十章中的纯天然酵种面包只用到了天然酵种。

天然酵种的制作时间表

　　在肯的手工面包房中，天然酵种我们一天要喂养三次。但是，我在本书中介绍的做法却不是这样，主要有两个原因。首先，我的面包房比普通家庭的厨房暖和，所以天然酵种成熟得更快，需要多次喂养来防止其变酸。其次，在一天的大多数时间面包房中都有烘焙师烘焙面包。我希望能够给你提供制作超级棒的天然酵种面包的方法，而不是将你变成时间表的奴隶，这样可以避免你重复劳动。这是一本你可以反复利用的书。

　　因此，你只需要在早晨喂养一次，在喂养 6 ~ 9 小时后你可以制作最终面团。你可以通过每天早晨喂养一次的方法来保存天然酵种，或者你可以用它来制作面团，然后留下一小部分未用的天然酵种放在冰箱中，并在你下次想烘焙的时候激活。所有的细节都会在第八章中详细介绍。

影响天然酵种的变量

水化度

较软的天然酵种中会产生更多的乳酸。较硬的天然酵种中会产生更多的醋酸。

温度

温暖的环境（26 ~ 32℃）更适合乳酸菌的生长。凉爽的环境（13 ~ 18℃）更适合醋酸菌的生长。温度越高，天然酵种发酵速度就越快。

面粉

高出粉率的面粉（大部分是由整粒小麦磨成，不是白面粉）、全谷物小麦面粉、黑麦面粉、高灰分（矿物质含量高）的面粉都可以使发酵过程更活跃。它们也会增加天然酵种的不稳定性，需要更高频率的喂养以防发生其他问题。每一种类型的面粉——白面粉、全麦面粉、黑麦面粉等——都具有自身的特性，混合面粉的特性也各不相同。

盐

盐可以减缓发酵过程，虽然有些优秀的烘焙师在天然酵种中添加了盐，但是我不这样做，因为我寻求的是活跃的发酵。（然而，特殊的环境或者时间安排仍然需要少量的盐。）

商业酵母

商业酵母比野生酵母菌的活性更强，所以即便只是往天然酵种里加入少量商业酵母，最终的结果仍然是商业酵母占统治地位，野生酵母菌会饿死。所以结论就是，不要往天然酵种中加入袋装商业酵母，无论是在开始培养天然酵种的时候，还是在喂养的时候。但是，往最终面团中加入少量商业酵母是可以的，它可以与天然酵种相互补充——只要不是将未发酵成熟的天然酵种添加到面包面团中就行了。

第八章
天然酵种的制作方法

我们面包房中使用的天然酵种是我在 1999 年参加旧金山烘焙学院培训课程时制作的。我把它从那个时候一直保存到现在。在那时的烘焙课程中，我们发明了只用全黑麦面粉和水来制作天然酵种的方法。最开始几次的喂养是加入等量的温水（29 ~ 35℃）和全黑麦面粉来制作非常黏的面团，品质上乘的面团的标志是当你每次和好面洗手时感到非常困难。每两天我们都会扔掉绝大部分的天然酵种，然后加入更多的面粉和温水，用手和好，再盖住，放入醒发室中。然后，我们接下来会用 5 分钟洗手。天然酵种开始看起来好像都没有什么变化，但是在第四次喂养之后，我们就能闻到一股刺鼻的味道了，到第三天的时候，它就会膨胀，而且用一股强烈的味道证明它的存在——难闻、像酒精、有点儿酸味。这就是进步！

你要注意两件事。第一，培养好的、充满活性的天然酵种需要几天的时间。第二，你需要制订一个喂养计划来喂养你的酵种，使其保持活性并且可随时用于烘焙。在每天都生产面包的面包房中，每天都按照相同的时间表来操作是非常简单的。对每周只想烘焙一次天然酵种面包的家庭烘焙爱好者来说，你需要用一种不同的方法来保存你的活性天然酵种（放到冰箱里），并且按时间表来喂养它，这样就能保证在你需要的时候它就能用。

制作天然酵种的最好方法就是使用全谷物面粉：全黑麦面粉、全小麦面粉或者以上两种面粉的混合物。黑麦面粉制作的面团非常黏，比小麦面粉制作的面团更粘手，所以你会发现，用全麦面粉制作天然酵种要比用全黑麦面粉容易得多。但是，如果你只有全黑麦面粉或者你只是想做全黑麦面包，那也可以。全谷物面粉也非常好，因为与胚乳相比，麸皮和小麦或黑麦的表皮里含有更多的酵母菌和矿物质。

培养天然酵种的分步指导

如果你想一直保存一份天然酵种，除了要准备一个用于制作波兰酵头或者意式酵头的 6 夸脱的干净面盆之外，你还应该再准备一个面盆（带盖），作为你长久保存天然酵种的容器。这个面盆应该足够大，可以容纳膨胀的天然酵种。这个面盆可以反复使用，而不必进行清洗。容器中的菌群都是安全的，有利于保持酵种的活性。在开始制作天然酵种之前，要称量空面盆的重量并记录下来。在第四天（以及在天然酵种之后的"生命"中）你将会需要这些信息，那时你将会用 100 克的天然酵种来作为常规喂养的基础。知道空面盆的重量有助于你直接扔掉多余的天然酵种，并且按比例留下面盆中的天然酵种用于喂养。

在培养天然酵种的最初几天里，面粉和水的用量并不需要很准确，所以如果我说要用 500 克面粉和 500 克水，用量多一点儿或少一点儿都没关系。例如，你不小心加了 550 克的水，也不需要再加入一些面粉进行弥补。但是，如果你一旦培养成功天然酵种，转为日常喂养之后，要想得到一致的喂养结果，你必须确保喂养时面粉和水的用量准确，并且水温合适。培养天然酵种需要 5 天的时间，具体操作步骤如下。

第一天

中午前的任何时间： 往 6 夸脱的圆形面盆中加入 500 克（3¾ 量杯 +2 大勺）全麦面粉和 500 克（2¼ 量杯）温度约为 32℃的水，用手搅拌至原料混合均匀。不要盖住像泥浆一样的混合物，静置 1 ~ 2 小时后，盖好，放在温暖的地方。温度为 24 ~ 32℃时最理想，但如果你家里没有那么暖和的地方，也不要担心。

第二天

中午前的任何时间： 扔掉 3/4 的混合物，将剩余的混合物留在面盆中。往面盆中黏稠的混合物里加入 500 克（3¾ 量杯 +2 大勺）全麦面粉和 500 克（2¼ 量杯）温度约为 32℃的水，用手搅拌至原料混合均匀。不要盖住混合物，静置 1 ~ 2 小时后，盖好，放在温暖的地方。

到第二天结束的时候，天然酵种的体积将会膨胀到 2 夸脱刻度线处，并且能看见许多小气泡。

第三天

中午前的任何时间：发生变化！天然酵种的体积变成了前一天的 2 倍，内部充满气泡，散发出一股酒精的味道。再一次扔掉 3/4 的混合物，将剩余的混合物留在面盆中。加入 500 克（3¾ 量杯 +2 大勺）全麦面粉和 500 克（2¼ 量杯）温度约为 32℃的水，用手搅拌至原料混合均匀。不要盖住混合物，静置 1 ~ 2 小时后，盖好，放在温暖的地方。稍后天然酵种就会产生刺鼻的味道，就像馊了的饭一样。闻一下。

第四天

中午前的任何时间：天然酵种又膨胀到 2 夸脱刻度线处，内部充满气泡。在第四天，你需要保留更少量的天然酵种——只保留 200 克（3/4 量杯）混合物，将其余的都扔掉。这一次的量取要准确，所以要用秤称量，秤的读数比空面盆的重量多 200 克即可。加入 500 克（3¾ 量杯 +2 大勺）全麦面粉和 500 克（2¼ 量杯）温度约为 32℃的水，用手搅拌至原料混合均匀。将其盖好并放在温暖的地方。

第五天

这时的天然酵种已经充满活力，并且可以用于制作本书中任何天然酵种面团和比萨面团。天然酵种最好的成熟时机是在早晨混合 7 ~ 8 小时后，它具有中等成熟度的刺鼻味道。当你用湿手揪一块的时候，你就会感觉到它充满气体，并且能够看到它内部的网状结构。它闻起来非常难闻，并且黏黏的。在任何情况下，在第五天你都要从培养酵种转变为日常的喂养酵种，使用水化度为 80%、白面粉和全小麦面粉的混合物以及凉一点儿的水。

称量你的空面盆！

称量用来盛放天然酵种的面盆的重量，然后记录。你可以将盆的重量写在一张便利贴上，粘在面盆外面。当你要喂养或者激活天然酵种时，就可以方便地知道天然酵种的重量——只要将面盆放到秤上，秤的示数再减去面盆的重量就可以了。我盛放天然酵种的面盆重量为 410 克，所以当秤上显示总重量为 510 克时，我就知道天然酵种的重量为 100 克。

制作天然酵种。第一排：第一天，原料混合之后；24小时后；在第二天只保留眼球大小的一部分，将剩余的都扔掉　第二排：第三天早晨（48小时后）的外观；第三天早晨顶部的样子；第三天天然酵种的组织　第三排：第四天早晨顶部的样子（更多的气泡）；第四天早晨的外观；第四天早晨天然酵种的组织

从左至右：成熟的天然酵种，在早晨喂养之前；准备只保留 100 克，扔掉剩余的成熟的天然酵种；面盆中 100 克的天然酵种，可以进行下一次喂养；早晨喂养后成熟的天然酵种

在早晨 7 ~ 9 点：保留 150 克（1/2 量杯 +1 大勺）的混合物，将其余的都扔掉。用秤来称量天然酵种，用勺子取一部分天然酵种放入盆中，直到秤的读数比空面盆的重量多 150 克。往面盆中加入 400 克（3 量杯 +2 大勺）白面粉、100 克（3/4 量杯 +1/2 大勺）全麦面粉和 400 克（1¾ 量杯）温度为 29℃的水，用手搅拌至原料混合均匀，盖好，放在温暖的地方。

到下午的时候，天然酵种就可以用来制作面团了，所以你一定想继续阅读下面的内容"使用天然酵种"，这部分介绍了如何喂养天然酵种。成熟的天然酵种是什么样的以及如果你不想每天都使用它的话应该如何保存并激活。

使用天然酵种

每次在早晨喂养天然酵种的时候，我非常喜欢天然酵种充满气泡的状态，如果从上一次的早晨喂养之后我没有使用它的话，它的体积将会变为原来的 3 ~ 4 倍。当打开面盆盖子之后，一股热酒精的味道就会扑面而来。等到这股味道消散之后，将你的鼻子贴近装有天然酵种的面盆，然后猛吸一大口气。你要熟悉这一阶段天然酵种的味道以及之后你量取、使用它时的味道。这些时间点的参考——体积和味道——就是指引你找到最终结果的线索。有了时间、经验以及对步骤的足够了解，你才会做出最正确的判断。

在第九章至第十四章的任何一个配方中，如果你按照我在本书中介绍的关于时间、水温和准确量取的建议来操作，你就会十分有信心。最大的变量就是周围环境的温度。

季节性的变化

　　我在我家的厨房中研究出了本书所有的配方，并且在每个季节都对这些配方进行了测试。波特兰的冬天相当冷，但也不会像明尼苏达州或马尼托巴省那样气温能达到零下。我发现虽然我的厨房的温度一整年都差不多，但是它在冬天的时候仍然会更低一些。结果就是，我的厨房中的天然酵种在冬天的时候并不是那么活跃，并且会比夏天发酵得更慢。你的天然酵种因你生活的地方的气候不同而不同。在冬天，我在最终面团中放的天然酵种比夏天的多——大约要多50克（3大勺）。我已经将这些注意事项列入了本书纯天然酵种面团的配方中，因为它是受影响最大的一种面团。

　　另外，如果天然酵种在冬天发酵的速度较慢，你可以在早晨喂养时多留一些天然酵种，比平时多30～50克（2～3大勺）就行了，但新加入的面粉和水的用量不变。在夏天，如果面包很快变酸了，我通常在早晨喂养时会少留一些天然酵种。在天然酵种中，商业酵母的活性要比野生酵母菌的活性强，因此加入了商业酵母的天然酵种面团（第九章）会比纯天然酵种面团受季节影响小。

　　我的厨房的最高温度在21℃左右，晚上最低为18℃，如果你的厨房的温度明显比我的厨房的高或低，你可能就需要做一些调整了。我建议你要熟悉从面盆中取出的天然酵种用于制作面团时的味道，那种味道会直接转移到面包里，不过这还要看你喜欢什么样的面包味道。如果它太刺激或者太酸，你可以在早晨喂养天然酵种时用更凉一点儿的水或者在下午早一点儿制作最终面团，那时的天然酵种还不是很成熟。同样，如果你的厨房比我的厨房更潮湿，而且温度稍高的话（我指的是27℃），那时你就要根据本书配方中的操作说明提前一两个小时制作最终面团。

　　如果你的厨房的温度很高，你也可以按照我列出的时间表操作，你会发现你喜欢过度成熟的天然酵种制成的面包的味道，它有更多的辛辣味和酸味。如果你的厨房的温度比我的厨房的低很多，记得要穿一件毛衣！你在早晨喂养天然酵种时，要加入温度为35℃的水。在喂养天然酵种的时候，混合后天然酵种的温度应为26～27℃。

　　本书中有按照不同的时间表制作天然酵种面包的配方。第九章"混合天然酵种面包"中的配方都是按照同一时间表制作的。早晨喂养天然酵种，下午和好最终面团，5个小时后分割面团并整形，然后将面团放入冰箱中整夜缓慢发酵，第二天早晨烘焙。

第九章中的配方中用了少量的商业酵母（加入最终面团中，而非天然酵种中），以使面包组织更轻盈，体积更大，但是它们的味道和特点都是由天然酵种决定的。相反，第十章中的配方是纯天然酵种面包，不需要添加商业酵母，所采用的也是另外一种时间表。早晨喂养天然酵种，傍晚早些时候和好最终面团，让面团发酵一整晚，在第二天早晨分割面团并整形，在4个小时后烘焙。这两种配方都用相同的时间表喂养、储存、激活天然酵种。因此，你可以根据你的时间安排和口味喜好来选择配方。

所有的这些面包都值得我们为之付出努力，一旦你熟悉了整个操作过程，制作面包就不会太费劲了。时间会做绝大部分的工作。

用以上两种配方制作出来的面包——加入了商业酵母或者没有加入商业酵母——区别并不是很大。混合天然酵种面包组织更轻盈，体积更大，表皮更薄，而纯天然酵种面包具有令人愉悦的乡土气息，顶部并不那么圆，稍小一些，更密实，孔洞更大，表皮更耐嚼。如果将纯天然酵种面包烘焙至表皮上有一些黑点，面包表皮的味道会永久地渗入到面包内部。纯天然酵种面包也会给味觉带来长久的冲击——有一点点的强烈，但是希望不会过多——而用混合天然酵种制成的面包却具有多种味道。我建议你尝试一下这两种配方，这样你就享受到每一种天然酵种面包烘焙中的乐趣，并且发现你自己的喜好。

喂养你的天然酵种

本书的天然酵种面包配方的前提是假设你有成熟的天然酵种。如果你想在一周中的几天都烘焙天然酵种面包，你必须每天喂养天然酵种。可以每天早晨进行这项工作，最好是在同一时间，但早一两个小时或晚一两个小时也不会有太大问题。到了该喂养天然酵种的时候，请按下面的配方来喂养。

•100 克（1/3 量杯 +1½ 大勺）天然酵种（在冬天的用量会稍微多一些；请参见上页"季节性的变化"）

•100 克（3/4 量杯 +1/2 大勺）全麦面粉

•400 克（3 量杯 +2 大勺）白面粉

•400 克（1¾ 量杯）温度为 29～32℃的水，季节不同水温也会不同（冬天时热一些，夏天时凉一些）

混合后天然酵种的温度为 26 ~ 27℃。如果你不能确定要使用多少度的水，可以在混合好天然酵种之后测量一下它的温度，并在下一次进行调整。在两次喂养的中间将天然酵种盖好，放在室温下发酵。

你可以在每次喂养的时候减少天然酵种、面粉和水的用量，只要它们减少的比例是相同的就可以了。下面是喂养一半量的天然酵种的配方。

· 50 克（3 大勺）天然酵种

· 50 克（1/3 量杯 +1 大勺）全麦面粉

· 200 克（1/2 量杯 +1 大勺）白面粉

· 200 克（7/8 量杯）温度为 29 ~ 32℃的水，季节不同水温也不同

当你把面盆中的天然酵种只留下 50 克（3 大勺）而将剩余的都扔掉的时候，看起来留下的好像比扔掉的少很多。别担心，虽然它不多，但是它有非常大的潜力！

把面盆中的天然酵种（把它想象成燃料）只留下 100 克（1/3 量杯 +1½ 大勺），将剩余的都扔掉，将秤置零，加入所需的面粉和水。在特定的温度下，用手搅拌至所有原料混合均匀。在混合天然酵种时要时刻注意，这些酵种的酸性很大。如果你经常混合这种天然酵种并且手部的皮肤又很敏感，你可以使用一次性 PVC 手套，它们很方便买到。在我的厨房中就有一盒一次性 PVC 手套，它们有很多用处，比如在用手拌沙拉时。

天然酵种在用过一次之后，可以将剩余的留在面盆中放在室温下保存。第二天早晨——你要进行常规喂养的时候——像平常一样喂养剩余的天然酵种就可以了。

保存并激活天然酵种

如果你不是每天都使用天然酵种制作面包，或者你不想每天都喂养天然酵种，你必须要制订保存天然酵种的计划，并且在使用时按照需要激活天然酵种。最好将其保存在冰箱里，在使用它制作完最终面团之后，从剩余的天然酵种中取出 300 克（1 量杯 +3 大勺），用保鲜膜包好，放入塑料袋中，放入冰箱中可以保存一个月。

当你想再一次用它的时候，你要提前取出来，然后在它具有良好活性的时候使用。下面是我推荐给大家的操作步骤。

第一步（在你准备烘焙前的两天）：从冰箱中取出天然酵种，将其中的 200 克（3/4 量杯）放入空盆中，将其余的都扔掉。如果可能的话，将天然酵种在室温下静

置 30 ~ 60 分钟，使其温度升高。然后，加入 100 克（3/4 量杯 +1/2 大勺）全麦面粉、400 克（3 量杯 +2 大勺）白面粉、400 克（1¾ 量杯）温度为 35℃ 的水，用手搅拌至所有原料混合均匀。盖好，在温暖的地方静置一整夜。

第二步（烘焙当天早上）：再次喂养天然酵种，按照每天喂养天然酵种的方法喂养。除保留 100 克（1/3 量杯 +1½ 大勺）天然酵种之外，将其余的都扔掉。加入 100 克（3/4 量杯 +1½ 大勺）全麦面粉、400 克（3 量杯 +2 大勺）白面粉、400 克（1¾ 量杯）温度为 29 ~ 32℃ 的水，季节不同水温也不同。用手搅拌至所有原料混合均匀。

现在，你已经完成了一个天然酵种配方中的初始步骤了。将它盖好，放在温暖的地方，晚些时候用它来制作最终面团，面团经过整夜的发酵或者醒发（取决于配方上的要求），第二天就可以烘焙了。

时间安排

如果你打算培养一份新的天然酵种，并想用它制作面团、烘焙面包，比如打算在周日早晨烘焙面包，那么你就要在周二按照"培养天然酵种的分步指导"（第 134 页）这一部分中第一天的方法操作。虽然培养新的天然酵种需要五天的时间，但是每天只需要花几分钟就够了。

如果你在冰箱中已经保存了一份天然酵种，下面将介绍喂养和激活的时间安排，以便你在周日早晨就可以烘焙面包。

1. 在周五早晨，按照"保存并激活天然酵种"（第 140 页）这一部分中的方法激活冷藏的天然酵种。

2. 在周六早晨，除保留 100 克（1/3 量杯 +1½ 大勺）天然酵种之外，将其余的都扔掉。按照"保存并激活天然酵种"的第二步激活天然酵种。

3. 在周六下午，按照你选择的配方制作面团。

4. 如果是混合天然酵种面包（第九章），你要在周六晚上分割面团并整形，然后放入冰箱一整夜进行缓慢醒发。如果要制作纯天然酵种面包（第十章和第十一章），发酵时间要延长至一整夜，你要在第二天早晨再分割面团并整形。

5. 混合天然酵种面包要在周日早晨烘焙；纯天然酵种面包要在差不多周日中午的时候烘焙。

第九章
混合天然酵种面包

左页：核桃仁天然酵种面包（第 155 页）

法式乡村面包

　　法式乡村面包是一种内部金黄、表皮耐嚼可口、带有淡淡发酵香味的乡村面包。它在出炉后几天内味道会越来越好，而且可以保存近一周。在这个版本中，最终面团的原料和天然酵种里都含有少量的全麦面粉。全麦面粉具有较强的发酵能力，能使面包产生更美妙的味道，只是在味觉上令你感到一点儿酸。面团在冰箱中经过长时间醒发，味道会变得更加复杂。一旦你培养成功一份天然酵种，制作面包的工作就不会太多了，而且面包的口感、组织和外表都非常好。

　　许多法国烘焙师都会在他们制作的法式乡村面包中使用少量的黑麦面粉，这样能使面包带有微微的浅灰色，还有一点儿黑麦的味道，而在这个版本的面包中我喜欢使用全麦面粉。你可以自由选择。我还喜欢用 70% 的白面粉、20% 的全麦面粉、10% 的黑麦面粉制作这款面包。关于混合面粉的说明可参见本书第 194 页"制作自己的面团"。只要保证最终面团中面粉的总用量与配方中一样就可以了——800 克（另外的 200 克面粉在天然酵种里）。

　　我经常把这款面包切块做成烤面包丁，微微烘烤使其变脆，再浸入芥末蜜汁中，使

蜜汁渗入其中，最后与新鲜生菜和切碎的熟鸡蛋拌在一起吃。这款面包与洋葱汤奶汁烤菜或意式杂蔬汤搭配食用也很棒，面包抹上肉酱或者泡入酱汁中也很好吃，更不用说用它来制作三明治或者早晨的黄油吐司和果酱吐司了。我有时将这款面包稍烤一下，代替汉堡坯。

这个配方能制作两个面包，每个重约 680 克。

发酵时间： 约 5 小时

醒发时间： 12 ~ 14 小时

时间安排： 早晨 8 点喂养天然酵种，下午 3 点制作最终面团，晚上 8 点给面团整形，放入冰箱中醒发一整夜，第二天早晨 8 ~ 10 点开始烘焙。

天然酵种

原料	用量	
成熟的、活性天然酵种	100 克	1/3 量杯 +1$^1/_2$ 大勺
白面粉	400 克	3 量杯 +2 大勺
全麦面粉	100 克	3/4 量杯 +1/2 大勺
水	400 克，29 ~ 32℃	1$^3/_4$ 量杯

最终面团

原料	最终面团的用量	
白面粉	740 克	5$^3/_4$ 量杯
全麦面粉	60 克	1/2 量杯 +1/2 大勺
水	620 克，32 ~ 35℃	2$^3/_4$ 量杯
细海盐	21 克	1 大勺 + 接近 1 小勺
快速酵母粉	2 克	1/2 小勺
天然酵种	360 克	1$^1/_3$ 量杯

烘焙师的百分比配方

	天然酵种中的用量	配方中总的用量	烘焙百分比
白面粉	160 克	900 克	90%
全麦面粉	40 克	100 克	10%
水	160 克	780 克	78%
细海盐	0	21 克	2.1%
快速酵母粉	0	2 克	0.2%
天然酵种			20%*

* 天然酵种的烘焙百分比指的是最终面团所用的天然酵种中的面粉占整个配方中面粉的百分比。

1a. 喂养天然酵种　大约在最后一次喂养天然酵种的 24 小时后，留下 100 克天然酵种，将其余的都扔掉。将留下的天然酵种放到 6 夸脱的面盆中，加入 400 克白面粉、100 克全麦面粉以及 400 克温度为 29 ~ 32℃ 的水，用手搅拌至原料混合均匀。盖好，在室温下静置 6 ~ 8 小时，再开始制作最终面团。

1b. 浸泡　6 ~ 8 小时后，将 740 克白面粉和 60 克全麦面粉放入 12 夸脱的圆形面盆中，用手混合均匀。加入 620 克温度为 32 ~ 35℃ 的水，用手搅拌至原料混合均匀。盖好，静置 20 ~ 30 分钟。

2. 制作最终面团　将 21 克盐和 2 克（1/2 小勺）酵母粉均匀地撒在面团顶部。

在容器中装入约一指深的温水，这样天然酵种在称重后，就可以方便地取出了。用湿手将 360 克天然酵种转移到容器里。

将称好重量的天然酵种放到 12 夸脱的面盆中，在转移过程中，尽量减少天然酵种带出的水分。用手和面，在和面前将手打湿，这样在和面过程中面团就不会粘手了。交替用钳式和面法和折叠和面法使原料混合均匀。和好的面团的温度应为 25 ~ 26℃。

3. 折叠 和好的面团需折叠（第 73 ~ 74 页）3 ~ 4 次。在面团和好之后的 1½ ~ 2 小时进行折叠最容易。

面团和好 5 小时后，当面团的体积变为原来的 2½ 倍时，就可以进行分割了。

4. 分割 用蘸过面粉的手轻轻地取出面团，将面团放到撒有少量面粉的工作台上。用蘸过面粉的双手再次拿起面团，轻轻放回工作台上，使面团的形状更规整。在面团中间要下刀的地方撒上面粉，然后用面团刀或塑料面团刮板将面团切成大小相同的两个。

5. 整形 在两个发酵篮里撒上面粉。将两个面团按照第 75 ~ 77 页介绍的方法整为紧实度中等的球形面团。将它们分别放入发酵篮中，有接缝的一面朝下。

6. 醒发 将两个发酵篮分别装入塑料袋中，放入冰箱中冷藏一整夜。

第二天早晨，在面团放入冰箱 12 ~ 14 小时后，面团就可以取出直接烘焙了，不需要恢复至室温。

7. 预热 至少在烘焙前 45 分钟就将烤架放到烤箱中层，再将两口荷兰烤锅放在烤架上，盖上盖子。将烤箱预热至 245℃。

如果你只有一口荷兰烤锅，则需要在烘焙前将一个面团仍然放在冰箱中。在取出第一个面包后将荷兰烤锅预热 5 分钟，继续烘焙即可。

8. 烘焙 就这一步而言，最重要的是不要让你的手或者前臂碰到非常烫的荷兰烤锅。

将醒发好的面团放到撒有少量面粉的工作台上，要时刻谨记面团的顶部是有接缝的一面。

如果面团没有达到目标温度怎么办？

如果和好的面团的温度低于 25℃，不要担心——只是需要更长的时间它的体积才能变为原来的 2½ 倍。将面团放到暖和一点儿的地方，下一次再使用这个配方的时候，要用温度高一点儿的水和面。如果和好的面团的温度高于 26℃，面团可能会膨胀得更快一些，这取决于你的厨房的温度。下一次再按这个配方操作的时候，要用温度低一点儿的水。

　　将经过预热的荷兰烤锅从烤箱中取出，打开盖子，小心地将面团放入热烤锅中，使有接缝的一面朝上。盖好盖子，烘焙 30 分钟，然后小心地打开盖子，再烘焙 20 分钟至整个面包呈深棕色。在打开盖子烘焙 15 分钟后检查面包，以防烤焦。

　　拿出荷兰烤锅，小心地将它倾斜，倒出面包。将面包放在冷却架上冷却，或者将面包侧放使空气能在它四周流通。至少将面包静置 20 分钟再切片。

75% 全麦天然酵种面包

　　这种好吃的高纤维天然酵种面包在出炉几天后味道会更好。我能从这款面包里尝到果仁酱和小麦的味道，我喜欢将它抹上西点黄油吃，或者就是将它简单烤一下。将它和柔软的罗比奥拉奶酪、杏子酱或鸭肝酱一起吃味道也非常不错。

　　你也许会发现，这款面包比本章中用相同时间表制作的其他面包所使用的酵母粉要少。这是因为全麦面粉中含有更多酵母菌需要的营养物质，这种面粉比白面粉发酵速度快。全麦面粉中的麸皮能切断面团里的面筋链，这样做出的面包会更小一些，更密实一些。但是谁又关心这个呢？它又不是砖头。这款面包的组织和体积与全谷物的含量有很大关系。我非常喜欢这款面包。

这个配方能够制作两个面包，每个重约 680 克。

发酵时间：约 5 小时

醒发时间：12 ～ 14 小时

时间安排：早晨 8 点喂养天然酵种，下午 3 点制作最终面团，晚上 8 点给面团整形，放入冰箱中醒发一整夜，在第二天早晨 8 ～ 9 点开始烘焙。

天然酵种

原料	用量	
成熟的、活性天然酵种	100 克	1/3 量杯 +1$\frac{1}{2}$ 大勺
白面粉	400 克	3 量杯 +2 大勺
全麦面粉	100 克	3/4 量杯 +1/2 大勺
水	400 克，29 ～ 32℃	1$\frac{3}{4}$ 量杯

最终面团 / 烘焙师的百分比配方

原料	最终面团的用量		天然酵种中的用量	配方中总的用量	烘焙百分比
白面粉	90 克	1/2 量杯 +3 大勺	160 克	250 克	25%
全麦面粉	710 克	5$\frac{1}{2}$ 量杯 +1/2 大勺	40 克	750 克	75%
水	660 克，32 ～ 35℃	2$\frac{7}{8}$ 量杯	160 克	820 克	82%
细海盐	21 克	1 大勺 + 接近 1 小勺	0	21 克	2.1%
快速酵母粉	1.75 克	接近 1/2 小勺	0	1.75 克	0.175%
天然酵种	360 克	1$\frac{1}{3}$ 量杯			20%*

* 天然酵种的烘焙百分比指的是最终面团所用的天然酵种中的面粉占整个配方中面粉的百分比。

1a. **喂养天然酵种**　大约在最后一次喂养天然酵种的24小时后，留下100克天然酵种，将其余的都扔掉。将留下的天然酵种放到6夸脱的面盆中，加入400克白面粉、100克全麦面粉以及400克温度为29～32℃的水，用手搅拌至原料混合均匀。盖好，在室温下静置6～8小时，再开始制作最终面团。

1b. **浸泡**　6～8小时后，将90克白面粉和710克全麦面粉放入12夸脱的圆形面盆中，用手混合均匀。加入660克温度为32～35℃的水，用手搅拌至所有原料混合均匀。盖好，静置20～30分钟。

2. **制作最终面团**　将21克盐和1.75克（接近1/2小勺）酵母粉均匀地撒在面团顶部。

在容器中装入约一指深的温水，这样天然酵种在称重后，就可以方便地取出了。用湿手将360克天然酵种转移到容器里。

将称好重量的天然酵种放到12夸脱的面盆中，在转移过程中，尽量减少天然酵种带出的水分。用手和面，在和面前将手打湿，这样在和面的过程中面团就不会粘手了。交替用钳式和面法和折叠和面法使以上原料混合均匀。和好的面团的温度应为25～26℃。

3. **折叠**　和好的面团需折叠（第73～74页）3～4次。在面团和好之后的1½～2小时进行折叠最容易。

面团和好5小时后，当面团的体积变为原来的2½倍时，就可以进行分割了。

4. **分割**　用蘸过面粉的手轻轻地取出面团，将面团放到撒有少量面粉的工作台上。用蘸过面粉的双手再次拿起面团，轻轻放回工作台上，使面团的形状更规整。在面团中间要下刀的地方撒上面粉，然后用面团刀或塑料面团刮板将面团切成大小相同的两个。

5. **整形**　在两个发酵篮里撒上面粉。将两个面团按照第75～77页介绍的方法整为紧实度中等的球形面团。将它们分别放入发酵篮中，有接缝的一面朝下。

6. **醒发**　将两个发酵篮分别装入塑料袋中，放入冰箱中冷藏一整夜。

第二天早晨，在面团放入冰箱12～14小时后，面团就可以取出直接烘焙了，不需要恢复至室温。

7. **预热**　至少在烘焙前45分钟将烤架放到烤箱中层，再将两口荷兰烤锅放在烤架上，盖上盖子。将烤箱预热至245℃。

如果你只有一口荷兰烤锅，则需要在烘焙前将一个面团仍然放在冰箱中。在取出第一个面包后将荷兰烤锅预热5分钟，继续烘焙即可。

8. **烘焙**　就这一步而言，最重要的是不要让你的手或者前臂碰到非常烫的荷兰烤锅。

将醒发好的面团放到撒有少量面粉的工作台上，要时刻谨记面团的顶部是有接缝的一面。

　　将经过预热的荷兰烤锅从烤箱中取出，打开盖子，小心地将面团放入热烤锅中，使有接缝的一面朝上。盖好盖子，烘焙 30 分钟，然后小心地打开盖子，再烘焙 20 分钟至整个面包呈深棕色。在打开盖子烘焙 15 分钟后检查面包，以防烤焦。

　　拿出荷兰烤锅，小心地将它倾斜，倒出面包。将面包放在冷却架上冷却，或者将面包侧放使空气能在它四周流通。至少将面包静置 20 分钟再切片。

麸皮天然酵种面包

在现代面粉的生产工序中，小麦的胚芽和麸皮从麦粒中去除，只剩下胚乳，胚乳研磨后可以制成白面粉。麸皮约占麦粒总重量的 14%，胚芽占 2.5% ~ 3%。在这个配方中胚芽也加入原料中，面包表皮上还有少量麸皮。你也可以在面团里使用更多的胚芽，将用量增加到 100 克也可以。虽然我也看过一些使用更多胚芽的配方，但是我认为过多的胚芽会使面包内部变得过于紧实。面团上撒麸皮可以使面团经受更长的烘焙时间，这样做出的面包表皮会更脆，并且有烤坚果的味道。当你切面包的时候，麸皮会掉落——这就是生活。抓一把麸皮铺到发酵篮里，当你将面团从发酵篮中取出烘焙的时候，麸皮就能粘在面团上了。

这个配方能够制作两个面包，每个重约 680 克。

发酵时间：约 5 小时

醒发时间：12 ~ 14 小时

时间安排：早晨 8 点喂养天然酵种，下午 3 点制作最终面团，晚上 8 点给面团整形，放入冰箱中醒发一整夜，第二天早晨 8 ~ 10 点开始烘焙。

天然酵种

原料	用量	
成熟的、活性天然酵种	100 克	1/3 量杯 +1$\frac{1}{2}$ 大勺
白面粉	400 克	3 量杯 +2 大勺
全麦面粉	100 克	3/4 量杯 +1/2 大勺
水	400 克，29 ~ 32℃	1$\frac{3}{4}$ 量杯

最终面团 / 烘焙师的百分比配方

原料	最终面团的用量		天然酵种中的用量	配方中总的用量	烘焙百分比
白面粉	800 克	6$\frac{1}{4}$ 量杯	160 克	960 克	96%
全麦面粉	0	0	40 克	40 克	4%
水	620 克，32 ~ 35℃	2$\frac{3}{4}$ 量杯	160 克	780 克	78%
细海盐	21 克	1 大勺 + 接近 1 小勺	0	21 克	2.1%
快速酵母粉	2 克	1/2 小勺	0	2 克	0.2%
小麦胚芽	30 克	1/3 量杯 +1 大勺	0	30 克	3%
麸皮	0	0	0	20 克（1 大勺 + 3/4 小勺）	2%
天然酵种	360 克	1$\frac{1}{3}$ 量杯			20%*

* 天然酵种的烘焙百分比指的是最终面团所用的天然酵种中的面粉占整个配方中面粉的百分比。

1a. 喂养天然酵种 大约在最后一次喂养天然酵种的 24 小时后，留下 100 克天然酵种，将其余的都扔掉。将留下的天然酵种放到 6 夸脱的面盆中，加入 400 克白面粉、100 克全麦面粉以及 400 克温度为 29 ~ 32℃的水，用手搅拌至原料混合均匀。盖好，在室温下静置 6 ~ 8 小时，再开始制作最终面团。

1b. 浸泡 6 ~ 8 小时后，将 800 克白面粉和 30 克小麦胚芽放入 12 夸脱的圆形面盆中，用手混合均匀。加入 620 克温度为 32 ~ 35℃的水，用手搅拌至所有原料混合均匀。盖好，静置 20 ~ 30 分钟。

2. 制作最终面团 将 21 克盐和 2 克（1/2 小勺）酵母粉均匀地撒在面团顶部。

容器中装入约一指深的温水，这样天然酵种在称重后，就可以方便地取出了。用湿手将 360 克天然酵种转移到容器里。

将称好重量的天然酵种放到 12 夸脱的面盆中，在转移过程中，尽量减少天然酵种带出的水分。用手和面，在和面前将手打湿，这样在和面过程中面团就不会粘手了。交替用钳式和面法和折叠和面法使原料混合均匀。和好的面团的温度应为 25 ~ 26℃。

3. 折叠 和好的面团需折叠（第 73 ~ 74 页）3 ~ 4 次。在面团和好之后的 1½ ~ 2 小时进行折叠最容易。

在面团和好 5 小时后，当面团的体积变为原来的 2½ 倍时，就可以进行分割了。

4. 分割 在两个发酵篮里铺撒一层面粉，再各撒 10 克麸皮。

用蘸过面粉的手轻轻地取出面团，将面团放到撒有少量面粉的工作台上。用蘸过面粉的双手再次拿起面团，轻轻地放回工作台上，使面团的形状更规整。在面团中间要下刀的地方撒上面粉，然后用面团刀或塑料面团刮板将面团切成大小相同的两个。

5. 整形 在两个发酵篮里撒上面粉。将两个面团按照第 75 ~ 77 页介绍的方法整为紧实度中等的球形面团。将它们分别放入发酵篮中，有接缝的一面朝下。

6. 醒发 将两个发酵篮分别装入塑料袋中，放入冰箱中冷藏一整夜。

第二天早晨，在面团放入冰箱 12 ~ 14 小时后，面团就可以取出直接烘焙了，不需要恢复至室温。

7. 预热 至少在烘焙前 45 分钟就将烤架放到烤箱中层，再将两口荷兰烤锅放在烤架上，盖上盖子。将烤箱预热至 245℃。

如果你只有一口荷兰烤锅，则需要在烘焙前将一个面团仍然放在冰箱中。在取出第一个面包后将荷兰烤锅预热 5 分钟，继续烘焙即可。

8. 烘焙 就这一步而言，最重要的是不要让你的手或者前臂碰到非常烫的荷兰烤锅。

将醒发好的面团放到撒有少量面粉的工作台上，要时刻谨记面团的顶部是有接缝的

一面。

　　将经过预热的荷兰烤锅从烤箱中取出，打开盖子，小心地将面团放入热烤锅中，有接缝的一面朝上。盖好盖子，烘焙30分钟，然后小心地打开盖子，再烘焙 20 分钟至整个面包呈深棕色。在打开盖子烘焙 15 分钟后检查面包，以防烤焦。

　　拿出荷兰烤锅，小心地将它倾斜，倒出面包。将面包放在冷却架上冷却，或者将面包侧放使空气能在它四周流通。至少将面包静置 20 分钟再切片。

核桃仁天然酵种面包

自从肯的手工面包房开业以来，我们就把核桃仁面包做成各种形状和大小，有长条核桃仁面包、圆形核桃仁面包和绝大多数人买去作为早餐的硬皮核桃卷。核桃仁在加入面团之前我们会稍稍烘烤一下。这款面包本身就已经很好吃了，如果烘烤后抹上厚厚的黄油和蜂蜜，那味道就更好了。我们把鱼雷形的核桃仁面包送到餐馆中，餐馆会把这些面包切片、烘烤后搭配上奶酪提供给顾客。在我的面包房中，我们用核桃仁面包来制作三明治，再加上法式奶酪和来自胡德里弗的波士克梨。我的朋友史蒂夫·琼斯在波特兰开了一家奶酪店，他喜欢用这款面包搭配俄勒冈蓝纹奶酪或者野人蓝纹奶酪一起吃，这两种奶酪都来自俄勒冈州的罗杰乳制品厂。在这款面包上面抹薄薄的一层山羊奶酪也非常好吃。这款面包烘烤后吃是最棒的。

这个配方能够制作两个面包，每一个大约 800 克。

发酵时间： 约 5 小时

醒发时间： 12 ~ 14 小时

时间安排： 早晨 8 点喂养天然酵种，下午 3 点制作最终面团，晚上 8 点给面团整形，放入冰箱中醒发一整夜，第二天早晨 8 ~ 10 点开始烘焙。

天然酵种

原料	用量	
成熟的、活性天然酵种	100 克	1/3 量杯 +1$\frac{1}{2}$ 大勺
白面粉	400 克	3 量杯 +2 大勺
全麦面粉	100 克	3/4 量杯 +1/2 大勺
水	400 克，29 ~ 32℃	1$\frac{3}{4}$ 量杯

最终面团 / 烘焙师的百分比配方

原料	最终面团的用量		天然酵种中的用量	配方中总的用量	烘焙百分比
白面粉	740 克	5$\frac{3}{4}$ 量杯	160 克	900 克	90%
全麦面粉	60 克	1/2 量杯 +1/2 大勺	40 克	100 克	10%
水	620 克，32 ~ 35℃	2$\frac{3}{4}$ 量杯	160 克	780 克	78%
细海盐	22 克	1 大勺 + 1 小勺	0	22 克	2.2%
快速酵母粉	2 克	1/2 小勺	0	2 克	0.2%
核桃仁块或者核桃仁片	225 克	约 2 量杯	0	225 克	22.5%
天然酵种	360 克	1$\frac{1}{3}$ 量杯			20%*

* 天然酵种的烘焙百分比指的是最终面团所用的天然酵种中的面粉占整个配方中面粉的百分比。

1a. 喂养天然酵种 大约在最后一次喂养天然酵种的 24 小时后，留下 100 克天然酵种，将其余的都扔掉。将留下的天然酵种放到 6 夸脱的面盆中，加入 400 克白面粉、100 克全麦面粉以及 400 克温度为 29 ~ 32℃的水，用手搅拌至原料混合均匀。盖好，在室温下静置 6 ~ 8 小时，再开始制作最终面团。

1b. 烘烤核桃仁 在浸泡前至少 1 小时，将烤箱预热至 205℃。将核桃仁放到耐热平底锅或烤盘上放入烤箱烘烤约 12 分钟，直到核桃仁变成深棕色，冷却至室温。

1c. 浸泡 在喂养天然酵种之后的 6 ~ 8 小时，将 740 克白面粉和 60 克全麦面粉放入 12 夸脱的面盆中，用手混合均匀。加入 620 克温度为 32 ~ 35℃的水，用手搅拌至所有原料混合均匀。盖好，静置 20 ~ 30 分钟。

2. 制作最终面团 将 22 克盐和 2 克（1/2 小勺）酵母粉均匀地撒在面团顶部。

在容器中装入约一指深的温水，这样天然酵种在称重后，就可以方便地取出了。用湿手将 360 克天然酵种转移到容器里。

将称好重量的天然酵种放到 12 夸脱的面盆中，在转移过程中，尽量减少天然酵种带出的水分。用手和面，在和面前将手打湿，这样在和面过程中面团就不会粘手了。交替用钳式和面法和折叠和面法使原料混合均匀。和好的面团的温度应为 25 ~ 26℃。

将面团静置 10 分钟，然后把晾凉的核桃仁撒到面团顶部。将核桃仁揉进面团里，再交替用钳式和面法和折叠和面法使核桃仁均匀地分布在面团里。

3. 折叠 和好的面团需折叠（第 73 ~ 34 页）3 次。在面团和好之后的 1½ ~ 2 小时内进行折叠最容易。

面团和好 5 小时后，当面团的体积变为原来的 2½ 倍时，就可以进行分割了。

4. 分割 用蘸过面粉的手轻轻地取出面团，将面团放到撒有少量面粉的工作台上。用蘸过面粉的双手再次拿起面团，轻轻放回工作台上，使面团的形状更规整。在面团中间要下刀的地方撒上面粉，然后用面团刀或塑料面团刮板将面团切成大小相同的两个。

5. 整形 在两个发酵篮里撒上面粉。将两个面团按照第 75 ~ 77 页介绍的方法整为紧实度中等的球形面团。将它们分别放入发酵篮中，有接缝的一面朝下。

6. 醒发 将发酵篮分别装入塑料袋中，放入冰箱中冷藏一整夜。

第二天早晨，在面团放入冰箱 12 ~ 14 小时后，面团就可以取出直接烘焙了，不需要恢复至室温。

7. 预热 至少在烘焙前 45 分钟就将烤架放到烤箱中层，再将两口荷兰烤锅放在烤架上，盖上盖子。将烤箱预热至 245℃。

如果你只有一口荷兰烤锅，则需要在烘焙前将一个面团仍然放在冰箱中。在取出第

一个面包后将荷兰烤锅预热 5 分钟，接着烘焙即可。

8. 烘焙　就这一步而言，最重要的是不要让你的手或者前臂碰到非常烫的荷兰烤锅。

将醒发好的面团放到撒有少量面粉的工作台上，要时刻谨记面团的顶部是有接缝的一面。

将经过预热的荷兰烤锅从烤箱中取出，打开盖子，小心地将面团放入热烤锅中，使有接缝的一面朝上。盖好盖子，烘焙 30 分钟，然后小心地打开盖子，再烘焙 20 分钟至整个面包呈深棕色。在打开盖子烘焙 15 分钟后检查面包，以防烤焦。

拿出荷兰烤锅，小心地将它倾斜，取出面包。将面包放在冷却架上冷却，或者将面包侧放使空气能在它四周流通。至少将面包静置 20 分钟再切片。

混酿 1 号面包

我从葡萄酒界借用了"混酿"这一术语，它指的是将同一个葡萄园种植的不同葡萄混合制成一种葡萄酒。这一做法在传统的阿尔萨斯葡萄酒的制作方法中已经流传了很长一段时间。我在这里使用这一术语指的是用白面粉、全麦面粉、细黑麦面粉混合制成的面包。细黑麦面粉有时会被称为"轻黑麦面粉"，指的是没有用麸皮和胚芽（就像白面粉一样）制成的黑麦面粉。这款面包具有独特的复合味道：令人愉悦，但是又不会因为黑麦而变得过于沉重，同时又不失用小麦面粉制作的面包的轻盈感。下一款面包——混酿 2 号面包（第 162 页）是一款颜色更深、更具有乡土气息的面包，它使用了更多的全麦面粉，不管是全黑麦面粉还是粗黑麦面粉，这两种面粉要比细黑麦面粉多一些。

这是一种非常不错的三明治面包。无论你在哪儿用烟熏的方式烹饪食物，你都会想起这款面包，它与熏盐、熏鱼或者熏肉搭配都很好吃。如果我要试着做一款纽约熏牛肉黑麦三明治帝国面包，我使用的必然是混酿面包，和面时我会往面团中撒一些葛缕子籽。

这个配方能够制作两个面包，每个重约 680 克。

发酵时间：约 5 小时

醒发时间：约 12 小时

时间安排：早晨 8 点喂养天然酵种，下午 3 点制作最终面团，晚上 8 点给面团整形，放入冰箱中醒发一整夜，第二天早晨 8 ~ 10 点开始烘焙。

天然酵种

原料	用量	
成熟的、活性天然酵种	100 克	1/3 量杯 +1$^1/_2$ 大勺
白面粉	400 克	3 量杯 +2 大勺
全麦面粉	100 克	3/4 量杯 +1/2 大勺
水	400 克，29 ~ 32℃	1$^3/_4$ 量杯

最终面团			烘焙师的百分比配方		
原料	最终面团的用量		天然酵种中的用量	配方中总的用量	烘焙百分比
白面粉	590 克	$4^1/_2$ 量杯 +2 大勺	160 克	750 克	75%
全麦面粉	60 克	1/2 量杯 +1/2 大勺	40 克	100 克	10%
细黑麦面粉	150 克	$1^1/_2$ 量杯	0	150 克	15%
水	590 克，32 ~ 35℃	$2^2/_3$ 量杯	160 克	750 克	75%
细海盐	21 克	1 大勺 + 接近 1 小勺	0	21 克	2.1%
快速酵母粉	2 克	1/2 小勺	0	2 克	0.2%
天然酵种	360 克	$1^1/_3$ 量杯			20%*

* 天然酵种的烘焙百分比指的是最终面团所用的天然酵种中的面粉占整个配方中面粉的百分比。

1a. 喂养天然酵种　大约在最后一次喂养天然酵种的 24 小时后，留下 100 克天然酵种，将其余的都扔掉。将留下的天然酵种放到 6 夸脱的面盆中，加入 400 克白面粉、100 克全麦面粉以及 400 克温度为 29 ~ 32℃ 的水，用手搅拌至原料混合均匀。盖好，在室温下静置 6 ~ 8 小时，再开始制作最终面团。

1b. 浸泡　6 ~ 8 小时后，将 590 克白面粉、60 克全麦面粉和 150 克细黑麦面粉放入 12 夸脱的圆形面盆中，用手混合均匀。加入 590 克温度为 32 ~ 35℃ 的水，用手搅拌至所有原料混合均匀。盖好，静置 20 ~ 30 分钟。

用了黑麦面粉的面团会更黏。

2. 制作最终面团　将 21 克盐和 2 克（1/2 小勺）酵母粉均匀地撒在面团顶部。

在容器中装入约一指深的温水，这样天然酵种在称重后，就可以方便地取出了。用湿手将 360 克天然酵种转移到容器里。

将称好重量的天然酵种放到 12 夸脱的面盆中，在转移过程中，尽量减少天然酵种带出的水分。用手和面，在和面前将手打湿，这样在和面过程中面团就不会粘手了。交替用钳式和面法和折叠和面法使原料混合均匀。和好的面团的温度应为 25 ~ 26℃。

3. 折叠　和好的面团需折叠（第 73 ~ 74 页）3 ~ 4 次。在面团和好之后的 $1^1/_2$ ~ 2 小时进行折叠最容易。

面团和好 5 小时后，当面团的体积变为原来的 $2^1/_2$ 倍时，就可以进行分割了。

4. 分割　用蘸过面粉的手轻轻地取出面团，将面团放到撒有少量面粉的工作台上。用蘸过面粉的双手再次拿起面团，轻轻放回工作台上，使面团的形状更规整。在面团中间要下刀的地方撒上面粉，然后用面团刀或塑料面团刮板将面团切成大小相同的两个。

5. 整形　用了黑麦面粉的面团会更黏，因此整形时它比其他面团更费力气。因为这种面团更黏，你可以先进行"预整形"：先在面团的顶部撒少许面粉，将面团翻转过来，使有面粉的一面朝下，然后将面团底部拉上来，折在面团顶部，使有面粉的部分最终能包裹住里面黏黏的部分。将面团按照第75～77页介绍的方法整为紧实度中等的球形面团。将面团放在工作台上，有接缝的一面朝下，静置约15分钟。

在预整形之后，在两个发酵篮里撒上面粉。再一次将面团整为紧实的球形，分别放入发酵篮中，有接缝的一面朝下。

6. 醒发　将两个发酵篮分别装入塑料袋中，放入冰箱中冷藏一整夜。

第二天早晨，在面团放入冰箱12小时后，面团就可以取出直接烘焙了，不需要恢复至室温。

7. 预热　至少在烘焙前45分钟就将烤架放到烤箱中层，再将两口荷兰烤锅放在烤架上，盖上盖子。将烤箱预热至245℃。

如果你只有一口荷兰烤锅，则需要在烘焙前将一个面团仍然放在冰箱中。在取出第一个面包后将荷兰烤锅预热5分钟，继续烘焙即可。

8. 烘焙　就这一步而言，最重要的是不要让你的手或者前臂碰到非常烫的荷兰烤锅。

将醒发好的面团放到撒有少量面粉的工作台上，要时刻谨记面团的顶部是有接缝的一面。

将经过预热的荷兰烤锅从烤箱中取出，打开盖子，小心地将面团放入热烤锅中，使有接缝的一面朝上。盖好盖子，烘焙30分钟，然后小心地打开盖子，再烘焙20分钟至整个面包呈深棕色。在打开盖子烘焙15分钟后检查面包，以防烤焦。

拿出荷兰烤锅，小心地将它倾斜，倒出面包。将面包放在冷却架上冷却，或者将面包侧放使空气能在它四周流通。至少将面包静置20分钟再切片。

混酿 2 号面包

　　本书要介绍第二款混合小麦面粉和黑麦面粉面包的原因是：由于使用了全黑麦面粉或者粗黑麦面粉，而不是在混酿 1 号面包中使用的细黑麦面粉，它具有了自身独特的品质；另外，它可以向你展示在这个配方中如何调节面粉用量以达到"混酿"，无论你用什么比例混合什么种类的面粉。

　　当你去商店买面粉的时候，全黑麦面粉通常都被称为"深黑麦面粉"。粗黑麦面粉事实上就是全黑麦面粉，只不过磨得更粗。

　　按这个配方做出的面包的颜色会比混酿 1 号面包（第 159 页）的更暗一些，而且乡土气息更浓一些。这两个配方与本书中其他配方所使用的面粉总量都是一样的——1000克。天然酵种中需要 200 克面粉，剩余的 800 克面粉都用在了最终面团里，而且你可以

根据个人喜好选择面粉种类。

我特别喜欢这个配方中的混合面粉。面团中加入了足够的全黑麦面粉，又不会影响小麦面粉面包的组织和体积。

这个配方能够制作两个面包，每个重约 680 克。

发酵时间：约 5 小时

醒发时间：11 ～ 12 小时

时间安排：早晨 8 点喂养天然酵种，下午 3 点制作最终面团，晚上 8 点给面团整形，放入冰箱中醒发一整夜，在第二天早晨 7 ～ 8 点开始烘焙。

天然酵种

原料	用量	
成熟的、活性天然酵种	100 克	1/3 量杯 +1$^1/_2$ 大勺
白面粉	400 克	3 量杯 +2 大勺
全麦面粉	100 克	3/4 量杯 +1/2 大勺
水	400 克，29 ～ 32℃	1$^3/_4$ 量杯

最终面团

原料	最终面团的用量	
白面粉	540 克	4 量杯 +3 大勺
全黑麦面粉	175 克	1$^3/_4$ 量杯
全麦面粉	85 克	2/3 量杯
水	620 克，32 ～ 35℃	2$^3/_4$ 量杯
细海盐	21 克	1 大勺 + 接近 1 小勺
快速酵母粉	2 克	1/2 小勺
天然酵种	360 克	1$^1/_3$ 量杯

烘焙师的百分比配方

	天然酵种中的用量	配方中总的用量	烘焙百分比
白面粉	160 克	700 克	70%
全黑麦面粉	0	175 克	17.5%
全麦面粉	40 克	125 克	12.5%
水	160 克	780 克	78%
细海盐	0	21 克	2.1%
快速酵母粉	0	2 克	0.2%
天然酵种			20%*

* 天然酵种的烘焙百分比指的是最终面团所用的天然酵种中的面粉占整个配方中面粉的百分比。

1a. 喂养天然酵种　大约在最后一次喂养天然酵种的 24 小时后，留下 100 克天然酵种，将其余的都扔掉。将留下的天然酵种放到 6 夸脱的面盆中，加入 400 克白面粉、100 克全麦面粉以及 400 克温度为 29 ～ 32℃ 的水，用手搅拌至原料混合均匀。盖好，在室温下静置 6 ～ 8 小时，再开始制作最终面团。

1b. 浸泡　6 ～ 8 小时后，将 540 克白面粉、85 克全麦面粉和 175 克全黑麦面粉放入 12 夸脱的圆形面盆中，用手混合均匀。加入 620 克温度为 32 ～ 35℃ 的水，用手搅拌至所有原料混合均匀。盖好，静置 20 ～ 30 分钟。

用了黑麦面粉的面团会更黏。

2. 制作最终面团 将 21 克盐和 2 克（1/2 小勺）酵母粉均匀地撒在面团顶部。

在容器中装入约一指深的温水，这样天然酵种在称重后，就可以方便地取出了。用湿手将 360 克天然酵种转移到容器里。

将称好重量的天然酵种放到 12 夸脱的面盆中，在转移过程中，尽量减少天然酵种带出的水分。用手和面，在和面前将手打湿，这样在和面过程中面团就不会粘手了。交替用钳式和面法和折叠和面法使原料混合均匀。和好的面团的温度应为 25 ～ 26℃。

3. 折叠 和好的面团需折叠（第 73 ～ 74 页）3 ～ 4 次。在面团和好之后的 1½ ～ 2 小时进行折叠最容易。

面团和好 5 小时后，当面团的体积变为原来的 2½ 倍时，就可以进行分割了。

4. 分割 用蘸过面粉的手轻轻地取出面团，将面团放到撒有少量面粉的工作台上。用蘸过面粉的双手再次拿起面团，轻轻放回工作台上，使面团的形状更规整。在面团中间要下刀的地方撒上面粉，然后用面团刀或塑料面团刮板将面团切成大小相同的两个。

5. 整形 用了黑麦面粉的面团会更黏，因此整形时它比其他面团更费力气。因为这种面团更黏，你可以先进行"预整形"：先在面团的顶部撒少许面粉，将面团翻转过来，使有面粉的一面朝下，然后将面团底部拉上来，折在面团顶部，使有面粉的部分最终能包裹住里面黏黏的部分。将面团按照第 75 ～ 77 页介绍的方法整为紧实度中等的球形面团。将面团放在工作台上，有接缝的一面朝下，静置约 15 分钟。

在预整形之后，在两个发酵篮里撒上面粉。再一次将面团整为紧实的球形，分别放入发酵篮中，有接缝的一面朝下。

6. 醒发 将两个发酵篮分别装入塑料袋中，放入冰箱中冷藏一整夜。

第二天早晨，在面团放入冰箱 11 ～ 12 小时后，面团就可以取出直接烘焙了，不需要恢复至室温。

7. 预热 至少在烘焙前 45 分钟就将烤架放到烤箱中层，再将两口荷兰烤锅放在烤架上，盖上盖子。将烤箱预热至 245℃。

如果你只有一口荷兰烤锅，则需要在烘焙前将一个面团仍然放在冰箱中。在取出第一个面包后将荷兰烤锅预热 5 分钟，继续烘焙即可。

8. 烘焙 就这一步而言，最重要的是不要让你的手或者前臂碰到非常烫的荷兰烤锅。

将醒发好的面团放到撒有少量面粉的工作台上，要时刻谨记面团的顶部是有接缝的一面。

将经过预热的荷兰烤锅从烤箱中取出，打开盖子，小心地将面团放入热烤锅中，使有接缝的一面朝上。盖好盖子，烘焙30分钟，然后小心地打开盖子，再烘焙20分钟至整个面包呈深棕色。在打开盖子烘焙15分钟后检查面包，以防烤焦。

拿出荷兰烤锅，小心地将它倾斜，倒出面包。将面包放在冷却架上冷却，或者将面包侧放使空气能在它四周流通。至少将面包静置20分钟再切片。

3千克的球形面包

　　现在是周三，那个周一早晨烘焙出来的大圆面包——直径约40厘米，重量约3千克——现在可能是最好吃的时候。像我做的所有的天然酵种大面包一样，3千克的球形面包要在出炉几天后味道才更好。大面包中味道形成的方式非常独特。味道随着时间融合到一起，变得越来越柔和，面包内部还是松软的，面包表皮依旧很硬。我喜欢面包这种变化多样的组织。面包表皮那浓郁、带有乡土气息、有时又微微发苦的味道深深地吸引我，让我想起小麦生长的麦田。要用的原料？面粉、水、盐和酵母。相信你已经看到它了。

　　这种大小的面包始于人们每周只能做一两次新鲜面包的时候，那时就需要面包足够大以支撑到下一次烘焙。这也与欧洲乡村的生活有关系，当时面包是人们每天的主食。许多村子并没有大到使一个面包房一周七天都能营业，一些村子里的公共烤炉每周只能点火一次。面包必须要能支撑到下一次烘焙的时候，所以它们非常大——我的意思是真的非常大。我有一些这种面包的旧照片，它们的直径看起来至少有90厘米。在20世纪之前，面包在欧洲日常饮食中占了相当大的比重。在那时，面包和烘焙具有今天的人们所无法想象的重要地位。

　　今天还有许多面包房（包括我的面包房），仍然烘焙这种大面包，以卖给那些不能每天都来面包房的客人，或者那些根据经验知道大面包才是更好面包的客人。据我所知，绝大多数的这种大面包都被送到了波特兰的个别好餐馆中。

　　我对这种大个的圆形面包非常感兴趣，因为它们悠久的历史与给了我灵感的烘焙工艺传承相关联，3 千克的金色乡村球形面包也是真正能称为属于我自己的一款面包。我带着棕色乡村球形面包的配方来到了波特兰，我要试着制作那些给我灵感的杰出的法国烘焙师——普瓦拉纳、穆瓦桑、普若翰、卡米尔、戈瑟兰、塞布朗等做出的面包。棕色乡村面包是我个人喜欢的一种重 1.75 千克的球形面包，但是 3 千克的金色乡村球形面包却直接来自我自己的灵感，因此我觉得它才是真正属于我的面包，而不是用别人的配方冠以我的版本。

2004 年，自从肯的手工面包房开业之后我又一次去巴黎度假。那是一次重新参观面包房的好机会，正是它们使我想成为一名烘焙师，而且参观面包房也令我对波特兰的工作进行一次反思。在塞纳河边散步时，我想给我们的金色乡村球形面包做一些改变，我考虑我们面包房的两个特点：我们大面包的口感总是比小面包的好；我的"少酵母和长时间"的咒语可以使金色乡村球形面包表皮更松脆、味道更复杂。我也想采用优秀法国烘焙师的通用做法：使用少量的黑麦面粉以增加面包的乡土气息和味道的复杂性。

回家之后，我对面粉用量（当时我用 4 种面粉来制作金色乡村球形面包）、天然酵种和酵母的用量、时间、面团温度、面团水化度进行了调整。同时，我也开始制作个头较大的面包，我曾经试过用 4 千克的生面团制作面包，直到最后我认为 3 千克的球形面包才是最理想的面包，原因有很多——但最关键的一点是，比 3 千克重的面包无法装到我们的配送袋里。

我们会把金色乡村球形面包烤得颜色非常深，有时差一点儿就烤焦了，这是为了让面包表皮具有一种特殊的味道。当经过充分发酵和完全烘焙之后，面包就会带有赭色和深红色，这与经典美式面包的颜色是不同的。但注意它的味道！噢！面包表皮和蜂窝状的内部在口感和组织的对比中得到了升华。

我开始为波特兰一些朋友开的餐馆烘焙这种金色乡村球形面包，没过多久我们就需要每天往城中的餐馆送 10 ~ 15 个这样的大面包。但劝说公众来买这样一种大面包又是另外一回事儿了，大多数人都吃不完那么大的面包，因此我们的面包房中是将这种面包切开来卖的。

在法国，大的球形面包有时被叫作"miche"，有时被叫作"boule"。随着出炉时间的不同，面包的用途也不同，而且很多家庭都是在面包烘焙好的第二天才会吃它。有时候，家庭每周的饮食安排取决于面包出炉的时间。这种面包出炉不久，单吃就很好了，搭配其他食物一起吃也不错。经过烘烤以后，它的味道是最好的，轻轻一咬就能感受到它酥脆的表皮。随着它出炉时间的变长，它的用途也变得越来越有趣：将它做成开胃且香甜的面包布丁（其中包括了我最爱的一种夏日布丁，它是用新鲜莓子制成的，并且用法式鲜奶油或者掼奶油浇顶）；也可以将它烘烤后切片或者切块，再用汤汁或者炖肉浇顶；面包屑也可以作为浇顶、馅料或者用于给油炸的食物挂糊，在冬天也可以用作法式锅菜的浇顶；当然还可以用它来制作烤面包丁和填馅烤面包片，无论用什么浇顶都可以。最近，我碰巧得到了一份用于制作意大利面包球的配方，它听起来非常不错：将存放时间较长的面包片整夜浸泡在牛奶中，沥干，再将面包片与牛奶、鸡蛋、帕尔玛奶酪和剁碎的鼠尾草做成的卡仕达酱混合均匀，然后将混合物做成球形，最后用油炸。味道真是好极了！乡村食物的优点就在于能够充分利用食物，不浪费。

在前往蒙大拿州的一次度假中，我租住了百年谷里的一座牧场小屋。我买了两个金色乡村球形面包，一个给了我的房东，另一个帮我摆脱了连续七天自己做饭的命运。在面包出炉七天之后，我仍然喜欢把这种面包烘烤、油炸或做成其他食物。我有时也撕下几块面包泡到奶油和糖里，然后用莓子浇顶制成甜点。

如果你有幸得到一个这样的大面包，你可能会好奇怎么才能更好地保存它。最理想的保存方法是第一天就把它那么放着，第二天把它平均切成四块装入塑料袋中保存在室温下，最长可以保存八天。

如果你想在自己家的厨房中烘焙这种 3 千克的球形面包和 1.8 千克的球形面包，可以参考整夜发酵金色乡村球形面包（第 172 页）和整夜发酵棕色乡村球形面包（第 177 页）的配方。

第十章
纯天然酵种面包

左页：培根面包（第181页）

整夜发酵金色乡村球形面包

这个配方中的面团是一种纯天然酵种面团，制作它时并不需要用商店买来的酵母，它能制作出漂亮、自然、味道浓烈的天然酵种面包。使用少量的天然酵种，经过一整夜长时间的发酵可以使面团在第二天早晨变得非常漂亮，充满气体，体积也会变为原来的3倍。整形完毕的面团要经过差不多4个小时的醒发。这款面包的香气和味道会直接反映出天然酵种的品质，而且面包在出炉后的几天里，味道会越来越好，酸味也会越来越淡。

在肯的手工面包房中，我们对这种面团进行了一些调整。原来制作面团需要在早晨3点半开始喂养天然酵种，所以我并没在这里介绍这种方法，原因也非常明显。这种面团却非常适合做按比例缩小的3千克的球形面包，就像我在本书第166页介绍的那样。这个配方中面团总重量只有1.8千克，刚刚能在标准的烘焙石上烘焙，适用于家用烤箱。

这款面包一定要保证充分烘焙，要将它留在烤箱中直到颜色变得像快烧焦一样深。如果你想要有嚼头的面包表皮，可以在烤箱断电之后仍然将它留在烤箱中几分钟，并且把烤箱门打开一点儿。

一旦你成功制作了这款面包，我希望你能在最终面团中混合不同种类的面粉：一种做法是只要保证最终面团中面粉总量为880克就行了；另一种做法是加入225克橄榄油、坚果或者其他原料，就像制作培根面包（第181页）一样。

这个配方能够制作两个面包，每个重约 680 克，或者制作一个大面包（第176页）。

发酵时间：12 ~ 15 小时

醒发时间：约 4 小时

时间安排：早晨 9 点喂养天然酵种，下午 5 点制作最终面团，第二天早晨 8 点给面团整形，中午开始烘焙。

天然酵种

原料	用量	
成熟的、活性天然酵种	100 克	1/3 量杯 +1$\frac{1}{2}$ 大勺
白面粉	400 克	3 量杯 +2 大勺
全麦面粉	100 克	3/4 量杯 +1/2 大勺
水	400 克，29 ~ 32℃	1$\frac{3}{4}$ 量杯

最终面团			烘焙师的百分比配方		
原料	最终面团的用量		天然酵种中的用量	配方中总的用量	烘焙百分比
白面粉	804 克	6¼ 量杯	96 克	900 克	90%
全麦面粉	26 克	3 大勺	24 克	50 克	5%
黑麦面粉	50 克	1/3 量杯 +1 大勺	0	50 克	5%
水	684 克，32 ~ 35℃	接近 3 量杯	96 克	780 克	78%
细海盐	22 克	1 大勺 + 1 小勺	0	22 克	2.2%
天然酵种	216 克 *	3/4 量杯 +1 大勺			12%**

* 如果你的厨房的温度低于 21℃，需要增加天然酵种的用量，可能要用 250 ~ 275 克。

** 天然酵种的烘焙百分比指的是最终面团所用的天然酵种中的面粉占整个配方中面粉的百分比。

1a. 喂养天然酵种　大约在最后一次喂养天然酵种的 24 小时后，留下 100 克天然酵种，将其余的都扔掉。将留下的天然酵种放到 6 夸脱的面盆中，加入 400 克白面粉、100 克全麦面粉以及 400 克温度为 29 ~ 32℃的水，用手搅拌至原料混合均匀。盖好，在室温下静置 7 ~ 9 小时，再开始制作最终面团。

1b. 浸泡　7 ~ 9 小时后，将 804 克白面粉、50 克黑麦面粉和 26 克全麦面粉放入 12 夸脱的圆形面盆中，用手混合均匀。加入 684 克温度为 32 ~ 35℃的水，用手搅拌至所有原料混合均匀。盖好，静置 20 ~ 30 分钟。

用了黑麦面粉的面团会更黏。

2. 制作最终面团　将 22 克盐均匀地撒在面团顶部。

在容器中装入约一指深的温水，这样天然酵种在称重后，就可以方便地取出了。用湿手将 216 克天然酵种放到容器里（如果你的厨房温度比较低，可以多放一些天然酵种，具体细节参见第 138 页"季节性的变化"）。

将称量好的天然酵种放到 12 夸脱的面盆中，在转移的过程中，尽量减少天然酵种带出的水分。用手和面，在和面前将手打湿，这样在和面过程中面团就不会粘手了。交替用钳式和面法和折叠和面法使以上原料混合均匀。和好的面团的温度应为 25 ~ 26℃。

3. 折叠　和好的面团需折叠（第 73 ~ 74 页）3 ~ 4 次。由于整夜发酵的天然酵种面团膨胀得非常慢，你在晚上睡觉前任何时候折叠都可以，可以在面团和好的第一个小时里就折叠 2 ~ 3 次，最后一次折叠在晚上任何时候进行都可以。

面团和好 12 ~ 15 个小时后，当面团的体积变为原来的 3 倍时（在冬季时可能略小于 3 倍），就可以进行分割了。

4. 分割　用蘸过面粉的手轻轻地取出面团，将面团转移到撒有少量面粉的工作台上。用蘸过面粉的双手再次拿起面团，轻轻放回工作台上，使面团的形状更规整。在面团中间要下刀的地方撒上面粉，然后用面团刀或塑料面团刮板将面团切成大小相同的两个。

5. **整形** 在两个发酵篮里撒上面粉。将两个面团按照第 75 ~ 77 页介绍的方法做成紧实度中等的球形面团。将它们分别放到发酵篮中，有接缝的一面朝下。

6. **醒发** 将两个发酵篮并排放置，盖上厨房毛巾，或者将这两个发酵篮分别装入塑料袋中。假设室温为 21℃，醒发时间大约为 4 小时。用手指凹痕测试法（第 78 页）检验面团的醒发程度。

7. **预热** 至少在烘焙前 45 分钟就将烤架放到烤箱中层，再将两口荷兰烤锅放在烤架上，盖上盖子。将烤箱预热至 245℃。

如果你只有一口荷兰烤锅，则需要在烘焙前 20 分钟将一个面团放入冷藏室中。在取出第一个面包后将荷兰烤锅预热 5 分钟，继续烘焙即可。

8. **烘焙** 就下一步而言，最重要的是不要让你的手或者前臂接触到非常烫的荷兰烤锅。

将醒发好的面团放到撒有少量面粉的工作台上，要时刻谨记面团的顶部是有接缝的一面。

将经过预热的荷兰烤锅从烤箱中取出，打开盖子，小心地将面团放入锅中，使有接缝的一面朝上。盖好盖子，烘焙 30 分钟，然后小心地打开盖子，再烘焙 20 ~ 25 分钟至整个面包呈深棕色。在打开盖子烘焙 15 分钟后检查面包，以防烤焦。

拿出荷兰烤锅，小心地将它倾斜，倒出面包。将面包放置在冷却架上冷却，或者将面包侧放使空气能在它四周流通。至少将面包静置 20 分钟再切片。

醒发纯天然酵种面团

手指凹痕测试法（第 78 页）能告诉我们面团醒发约 $3\frac{1}{4}$ 小时后的状态。我家的温度为 21℃，面团完全醒发的时间为 $3\frac{1}{2}$ ~ $4\frac{1}{4}$ 小时。最初，我发现面团醒发 3 小时后烘焙出的面包味道不错，但是之后的烘焙测试证明在醒发满 4 小时后烘焙出的面包味道更好，而且面包体积也不会缩小。

衍生版本：1.8 千克的球形面包

如果你想试着制作一款比3千克的球形面包更小的面包，则可以将这个配方（约1.8千克）中的全部面团按照贯穿于本书中（第75～77页）的整形方法制作较小圆形面团的方法制作成一个球形面包。这种1.8千克的面包会跟普瓦拉纳球形面包一样大。

在一块35～40厘米宽的无绒厨房毛巾上撒上适量的面粉，如果需要的话也可以多准备一些的厨房毛巾。将面团放到厨房毛巾上，有接缝的一面朝下，在面团顶部撒上面粉，将厨房毛巾对侧边缘捏在一起，包裹住面团，但不要包得太紧；在厨房毛巾每一条边都预留出约2.5厘米的空隙，以供面团膨胀。在室温下醒发4¹/₂～5小时。

至少在烘焙前45分钟就将烤架放到烤箱中层，然后在第一个烤架下面、接近于烤箱底部的地方再放上第二个烤架。将第一块比萨石放到第一个烤架上，将烤箱预热至260℃。将第二块比萨石在热水中浸泡45分钟；如果比萨石在水中浮起，则将其翻面再浸泡20分钟。在烘焙前大约5分钟，将湿的比萨石放到第二个烤架上，用来产生水蒸气。

这款面包并不需要割包，但是如果你喜欢的话也可以，用割包刀在面团上割一个正方形。用撒有面粉的比萨板将面团转移到干的、经过预热的比萨石上，割开的一面朝上。在5分钟后将烤箱温度调低至245℃，烘焙30～40分钟，但是如果你的烤箱温度升得过快的话，要在烘焙30分钟后检查一下。（注意，烤箱打开的时候，会有一股热气扑出来。）当面包表皮变成深棕色时，面包就算烘焙成功了。关闭烤箱，将烤箱门打开几厘米，使面包在烤箱中静置几分钟，以使面包表皮变脆。通常情况下，需要将面包放到冷却架上或者让其侧放冷却，之后切片。

整夜发酵棕色乡村球形面包

　　这个配方是我们按照早些时候肯的手工面包房中日常制作的原始棕色乡村面包配方设计的。这款面包向我们完美地展示了长时间发酵的天然酵种面包具有的柔和味道和温和口感（而不是带有酸味），它还有乡村面包的外形和味道。面包嚼起来会给人极大的满足感，而且面包表皮的味道渗入面包内部也使得这款面包更加与众不同——你可以将面包烘焙至深栗子色。

　　如果你想制作一款与普瓦拉纳面包的大小、颜色、外形相似的面包，可以试着用整个的 1.8 千克的面团来制作一个大的球形面包，按照本书第 172 页整夜发酵金色乡村球形面包的配方来制作。

这个配方能够制作两个面包，每个重约 680 克，或者制作一个大面包（第 176 页）。

发酵时间：12 ~ 15 小时

醒发时间：约 4 小时

时间安排：早晨 9 点喂养天然酵种，下午 5 点制作最终面团，第二天早晨 8 点给面团整形，中午开始烘焙。

天然酵种

原料	用量	
成熟的、活性天然酵种	100 克	1/3 量杯 +1$^1/_2$ 大勺
白面粉	400 克	3 量杯 +2 大勺
全麦面粉	100 克	3/4 量杯 +1/2 大勺
水	400 克，29 ~ 32℃	1$^3/_4$ 量杯

最终面团

烘焙师的百分比配方

原料	最终面团的用量		天然酵种中的用量	配方中总的用量	烘焙百分比
白面粉	604 克	4$^2/_3$ 量杯	96 克	700 克	70%
全麦面粉	276 克	2 量杯 +2 大勺	24 克	300 克	30%
水	684 克，32 ~ 35℃	接近 3 量杯	96 克	780 克	78%
细海盐	22 克	1 大勺 + 1 小勺	0	22 克	2.2%
天然酵种	216 克 *	3/4 量杯 +1 大勺			12%**

* 如果你的厨房的温度低于 21℃，需要增加天然酵种的用量，可能要用 250 ~ 275 克。

** 天然酵种的烘焙百分比指的是最终面团所用的天然酵种中的面粉占整个配方中面粉的百分比。

1a. 喂养天然酵种　大约在最后一次喂养天然酵种的 24 小时后，留下 100 克天然酵种，将其余的都扔掉。将留下的天然酵种放到 6 夸脱的面盆中，加入 400 克白面粉、100 克全麦面粉以及 400 克温度为 29 ~ 32℃的水，用手搅拌至原料混合均匀。盖好，在室温下静置 7 ~ 9 小时，再开始制作最终面团。

1b. 浸泡　7 ~ 9 小时后，将 604 克白面粉和 276 克全麦面粉放入 12 夸脱的圆形面盆中，用手混合均匀。加入 684 克温度为 32 ~ 35℃的水，用手搅拌至所有原料混合均匀。盖好，静置 20 ~ 30 分钟。

2. 制作最终面团　将 22 克盐均匀地撒在面团顶部。

在容器中装入约一指深的温水，这样天然酵种在称重后，就可以方便地取出了。用湿手将 216 克天然酵种放到容器里（如果你的厨房温度比较低，可以多放一些天然酵种，具体细节参见第 138 页"季节性的变化"）。

将称量好的天然酵种放到 12 夸脱的面盆中，在转移的过程中，尽量减少天然酵种带出的水分。用手和面，在和面前将手打湿，这样在和面过程中面团就不会粘手了。交替用钳式和面法和折叠和面法使以上原料混合均匀。和好的面团的温度应为 25 ~ 26℃。

3. 折叠　和好的面团需折叠（第 73 ~ 74 页）3 ~ 4 次。由于整夜发酵的天然酵种面团膨胀得非常慢，你在晚上睡觉前任何时候折叠都可以，可以在面团和好的第一个小时里就折叠 2 ~ 3 次，最后一次折叠在晚上任何时候进行都可以。

面团和好 12 ~ 15 个小时后，当面团的体积变为原来的 3 倍时（在冬季时可能略小于 3 倍），就可以进行分割了。

4. **分割**　用蘸过面粉的手轻轻地取出面团，将面团转移到撒有少量面粉的工作台上。用蘸过面粉的双手再次拿起面团，轻轻放回工作台上，使面团的形状更规整。在面团中间要下刀的地方撒上面粉，然后用面团刀或塑料面团刮板将面团切成大小相同的两个。

5. **整形**　在两个发酵篮里撒上面粉。将两个面团按照第 75 ~ 77 页介绍的方法做成紧实度中等的球形面团。将它们分别放到发酵篮中，有接缝的一面朝下。

6. **醒发**　将两个发酵篮并排放置，盖上厨房毛巾，或者将这两个发酵篮分别装入塑料袋中。假设室温为 21℃，醒发时间大约为 4 小时。用手指凹痕测试法（第 78 页）检验面团的醒发程度。

7. **预热**　至少在烘焙前 45 分钟就将烤架放到烤箱中层，再将两口荷兰烤锅放在烤架上，盖上盖子。将烤箱预热至 245℃。

如果你只有一口荷兰烤锅，则需要在烘焙前 20 分钟将一个面团放入冷藏室中。在取出第一个面包后将荷兰烤锅预热 5 分钟，继续烘焙即可。

8. **烘焙**　就下一步而言，最重要的是不要让你的手或者前臂接触到非常烫的荷兰烤锅。

将醒发好的面团放到撒有少量面粉的工作台上，要时刻谨记面团的顶部是有接缝的一面。

将经过预热的荷兰烤锅从烤箱中取出，打开盖子，小心地将面团放入锅中，使有接缝的一面朝上。盖好盖子，烘焙 30 分钟，然后小心地打开盖子，再烘焙 20 ~ 25 分钟至整个面包呈深棕色。在打开盖子烘焙 15 分钟后检查面包，以防烤焦。

拿出荷兰烤锅，小心地将它倾斜，倒出面包。将面包放置在冷却架上冷却，或者将面包侧放使空气能在它四周流通。至少将面包静置 20 分钟再切片。

培根面包

之前，我明确说明了当原料只有面粉、水、盐和酵母的时候如何制作手工面包。但是朋友，偶尔放纵一次也不错。我使用经过整夜发酵的天然酵种面团制作培根面包，是因为这种面团比别的面团酸度大，能够与培根中的脂肪相中和。波特兰佩利餐馆的店主兼主厨维塔利·佩利希望我能每天为他的餐馆提供这款面包。在他建议用这款面包制作法式吐司之后，他又改变了主意，并说："这款面包太好吃了，用于烹饪有些浪费，单吃它最好了。"

这款面包在经过烘焙或烘烤还温热的时候，它的味道给人留下的印象最深刻。烘烤后与鸡蛋、冰苹果酒或者香槟酒一起食用，它的味道就更好了。假如把它制成又热又脆的烤面包丁，浇上沙拉酱汁，它会更加可口。它还可以与柠檬蛋黄酱和新鲜的番茄一起制成培根生菜番茄三明治。在经过烘烤的培根面包片上再抹上虹鳟鱼鱼子酱，有谁会不喜欢呢？将它与传统的马里兰州炖牡蛎一起食用怎么样？如果我在夏威夷，我会把这款面包作为早餐，和鸡蛋、木瓜或者奇异果一起吃。或许最终的猫王三明治就是用这款培根面包和花生酱、香蕉一起制作的——可能还有更多的培根。

这种面团比本书中其他纯天然酵种面团的发酵时间短。培根中的脂肪会使酵母异常活跃，所以面团发酵得更快。

这个配方能够制作两个面包，每个重约 680 克。

发酵时间： 约 12 小时

醒发时间： $3^1/_2$ ~ 4 小时

时间安排： 早晨 9 点喂养天然酵种，晚上 7 点制成最终面团，第二天早晨 7 ~ 8 点给面团整形，上午 11 点开始烘焙。

天然酵种

原料	用量	
成熟的、活性天然酵种	100 克	1/3 量杯 +$1^1/_2$ 大勺
白面粉	400 克	3 量杯 +2 大勺
全麦面粉	100 克	3/4 量杯 +1/2 大勺
水	400 克，29 ~ 32℃	$1^3/_4$ 量杯

最终面团			烘焙师的百分比配方		
原料	最终面团的用量		天然酵种中的用量	配方中总的用量	烘焙百分比
白面粉	864 克	6³/₄ 量杯	96 克	960 克	96%
全麦面粉	16 克	2 大勺	24 克	40 克	4%
水	684 克，32 ~ 35℃	接近 3 量杯	96 克	780 克	78%
细海盐	20 克	1 大勺 +3/4 小勺	0	20 克	2%
培根	煎熟的培根（未煎时重量为 500 克），2 大勺培根油		0	500 克，未煎的	50%
天然酵种	216 克 *	3/4 量杯 +1 大勺			12%**

* 如果你的厨房的温度低于 21℃，那就需要增加天然酵种的用量，可能要用 250 ~ 275 克。

** 天然酵种的烘焙百分比指的是最终面团所用的天然酵种中的面粉占整个配方中面粉的百分比。

1a. 喂养天然酵种 大约在最后一次喂养天然酵种的 24 小时后，留下 100 克天然酵种，将其余的都扔掉。将留下的天然酵种放到 6 夸脱的面盆中，加入 400 克白面粉、100 克全麦面粉以及 400 克温度为 29 ~ 32℃ 的水，用手搅拌至原料混合均匀。盖好，在室温下静置 9 ~ 10 小时，再制作最终面团。

1b. 煎培根 在进行浸泡步骤前至少 20 分钟，将 500 克培根煎至脆嫩。将煎好的培根放到纸巾上吸去油脂，预留 2 大勺煎出的培根油。将培根放在室温下晾凉，然后切碎。

1c. 浸泡 在喂养天然酵种 9 ~ 10 小时后，将 864 克白面粉和 16 克全麦面粉放入 12 夸脱的圆形面盆中，用手混合均匀。加入 684 克温度为 32 ~ 35℃ 的水，用手搅拌至原料混合均匀。盖好，静置 20 ~ 30 分钟。

2. 制作最终面团 将 20 克盐均匀地撒在面团顶部。

在容器中装入约一指深的温水，这样天然酵种在称重后，就可以方便地取出了。用湿手将 216 克天然酵种放到容器里（如果你的厨房温度比较低，可以多放一些天然酵种，具体细节参见第 138 页 "季节性的变化"）。

将称量好的天然酵种放到 12 夸脱的面盆中，在转移的过程中，尽量减少天然酵种带出的水分。用手和面，在和面前将手打湿，这样在和面过程中面团就不会粘手了。交替用钳式和面法和折叠和面法使原料混合均匀。和好的面团的温度应为 25 ~ 26℃。

将面团静置 10 分钟，然后倒入 2 大勺培根油，将培根碎均匀地撒到面团上面。交替用钳式和面法和折叠和面法将培根碎和培根油揉进面团中，直到它们均匀地分布在面团中。

3. 折叠 和好的面团需折叠（第 73 ~ 74 页）3 ~ 4 次。在面团和好之后的 1¹/₂ ~ 2

小时进行折叠最容易。

面团和好 12 小时后，当面团的体积变为原来的 3 倍时（在冬季可能略小于 3 倍），就可以进行分割了。

4. **分割**　用蘸过面粉的手轻轻地取出面团，将面团放到撒有少量面粉的工作台上。用蘸过面粉的双手再次拿起面团，轻轻放回工作台上，使面团的形状更规整。在面团中间要下刀的地方撒上面粉，然后用面团刀或塑料面团刮板将面团切成大小相同的两个。

5. **整形**　在两个发酵篮里撒上面粉。将两个面团按照第 75 ~ 77 页介绍的方法做成紧实度中等的球形面团。将它们分别放到发酵篮中，有接缝的一面朝下。

6. **醒发**　将两个发酵篮并排放置，盖上厨房毛巾，或者将这两个发酵篮分别装入塑料袋中。假设室温为 21℃，醒发时间应为 $3^1/_2$ ~ 4 小时。用手指凹痕测试法（第 78 页）检验面团的醒发程度。

7. **预热**　至少在烘焙前 45 分钟就将烤架放到烤箱中层，再将两口荷兰烤锅放在烤架上，盖上盖子。将烤箱预热至 245℃。

如果你只有一口荷兰烤锅，则需要在烘焙前 20 分钟将一个面团放入冷藏室中。在取出第一个面包后将荷兰烤锅预热 5 分钟，继续烘焙即可。

8. **烘焙**　就这一步而言，最重要的是不要让你的手或者前臂碰到非常烫的荷兰烤锅。

将醒发好的面团放到撒有少量面粉的工作台上，要时刻谨记面团的顶部是有接缝的一面。

将经过预热的荷兰烤锅从烤箱中取出，打开盖子，小心地将面团放入锅中，使有接缝的一面朝上。盖好盖子，烘焙 30 分钟，然后小心地打开盖子，再烘焙 20 分钟至整个面包呈深棕色，粘在面包表皮上的培根变得很脆——或许有一点点焦。

拿出荷兰烤锅，小心地将它倾斜，倒出面包。将面包放置在冷却架上冷却，或者将面包侧放以便空气在它四周流通。至少将面包静置 20 分钟再切片。向猫王点头致敬后可以开始享用啦。

第十一章
升级版天然酵种面包

左页：白面粉温热天然酵种面包（第189页）

二次喂养天然酵种甜面包

制作这种面团的天然酵种需要喂养两次，中间要间隔几个小时，这种做法是我在学习成为一名烘焙师的时候向查德·罗伯逊学到的。这样做的目的是用温度较高的水通过二次喂养的方法在天然酵种里培养大量的活性酵母菌，还可以防止产生酸味。你可能会发现，这个配方中天然酵种的用量要比本书其他配方中的天然酵种的用量多很多，原因在于当我将这个配方中的天然酵种用于制作最终面团时，它不够活跃。将面团放入冰箱中冷藏一整夜而形成的长时间、缓慢发酵能使面包产生很棒的、甜甜的天然酵种的味道。我第一次在家里的厨房中烘焙这款面包的时候就在想："噢，太棒了！这真的非常棒！"它的表皮中带有微微的麝香似的天然酵种味道和温和发酵的味道，我非常喜欢闻这种味道，尤其是在将它切片的时候。

当你准备好了要开始制作最终面团的时候，我建议你将鼻子贴近放有天然酵种的面盆，然后深深地吸一口气。它闻起来非常香，味道非常像啤酒，但又不完全是啤酒的味道，还有微微的酸小麦的味道。我无法找到准确描绘它的词。

这个配方能够制作两个面包，每个重约 680 克。

发酵时间：约 5 小时

醒发时间：12 ~ 14 小时

时间安排：早晨 7 点喂养天然酵种，上午 10 点再喂养一次，下午 2 ~ 3 点制作最终面团，晚上 8 点给面团整形，将面包放入冰箱中进行整夜醒发，第二天早晨 8 ~ 10 点开始烘焙。

第一次喂养天然酵种		
原料	用量	
成熟的、活性天然酵种	50 克	接近 1/4 量杯
白面粉	200 克	1½ 量杯 +1 大勺
全麦面粉	50 克	1/3 量杯 +1 大勺
水	200 克，35℃	7/8 量杯

第二次喂养天然酵种		
原料	用量	
第一次喂养之后的天然酵种	250 克	接近 1 量杯
白面粉	400 克	3 量杯 +2 大勺
全麦面粉	100 克	3/4 量杯 +1/2 大勺
水	400 克，29 ~ 32℃	1¾ 量杯

186

最终面团			烘焙师的百分比配方		
原料	最终面团的用量		天然酵种中的用量	配方中总的用量	烘焙百分比
白面粉	660 克	5 量杯 +2 大勺	240 克	900 克	90%
全麦面粉	40 克	1/3 量杯	60 克	100 克	10%
水	540 克，32 ~ 35℃	2¹/₃ 量杯	240 克	780 克	78%
细海盐	20 克	1 大勺 +3/4 小勺	0	20 克	2%
快速酵母粉	2 克	1/2 小勺	0	2 克	0.2%
天然酵种	540 克	2 量杯 +1 大勺			30%*

* 天然酵种的烘焙百分比指的是最终面团所用的天然酵种中的面粉占整个配方中面粉的百分比。

1a. 第一次喂养天然酵种　大约在最后一次喂养天然酵种的 24 小时后，留下 50 克天然酵种，将其余的都扔掉。将留下的天然酵种放到 6 夸脱的面盆中（它看起来量非常少，但是你要相信它）。加入 200 克白面粉、50 克全麦面粉以及 200 克温度为 35℃的水，用手搅拌至原料混合均匀。盖好，在室温下静置 3 小时。

1b. 第二次喂养天然酵种　3 小时后，留下 250 克第一次喂养的天然酵种，将其余的都扔掉，加入 400 克白面粉、100 克全麦面粉以及 400 克温度为 29 ~ 32℃的水，用手搅拌至原料混合均匀。盖好，在室温下静置 4 ~ 5 小时，再开始制作最终面团。

1c. 浸泡　3¹/₂ ~ 4¹/₂ 小时后，将 660 克白面粉和 40 克全麦面粉放入 12 夸脱的圆形面盆中，用手混合均匀。加入 540 克温度为 32 ~ 35℃的水，用手搅拌至所有原料混合均匀。盖好，静置 20 ~ 30 分钟。

2. 制作最终面团　将 20 克盐和 2 克（1/2 小勺）酵母粉均匀地撒在面团顶部。

在容器中装入约一指深的温水，这样天然酵种在称重后，就可以方便地取出。用湿手将 540 克天然酵种放到容器中。

将称量好的天然酵种放到 12 夸脱的面盆中，在转移的过程中，尽量减少天然酵种带出的水分。用手和面，在和面前将手打湿，这样在和面过程中面团就不会粘手了。交替用钳式和面法和折叠和面法使以上原料混合均匀。和好的面团的温度应为 25 ~ 26℃。

3. 折叠　和好的面团需折叠（第 73 ~ 74 页）4 次。在面团和好之后的 1¹/₂ ~ 2 小时进行折叠最容易。

面团和好 5 小时后，当面团的体积变为原来的 2¹/₂ 倍时，就可以进行分割了。

4. 分割　用蘸过面粉的手轻轻地取出面团，将面团转移到撒有少量面粉的工作台上。用蘸过面粉的双手再次拿起面团，轻轻放回工作台上，使面团的形状更规整。在面团中间要下刀的地方撒上面粉，然后用面团刀或塑料面团刮板将面团切成大小相同的两个。

5. 整形　在两个发酵篮里撒上面粉。将两个面团按照第 75 ~ 77 页介绍的方法做成紧实度中等的球形面团。将它们分别放到发酵篮中，有接缝的一面朝下。

6.**醒发** 将两个发酵篮分别装入塑料袋中，放入冰箱中冷藏一整夜。

第二天早晨，在面团放入冰箱 12 ~ 14 小时后，面团就可以取出直接烘焙了，不需要恢复至室温。

7.**预热** 至少在烘焙前 45 分钟就将烤架放到烤箱中层，再将两口荷兰烤锅放在烤架上，盖上盖子。将烤箱预热至 245℃。

如果你只有一口荷兰烤锅，则需要在烘焙前 20 分钟将一个面团放入冷藏室中。在取出第一个面包后将荷兰烤锅预热 5 分钟，继续烘焙即可。

8.**烘焙** 就下一步而言，最重要的是不要让你的手或者前臂接触到非常烫的荷兰烤锅。

将醒发好的面团放到撒有少量面粉的工作台上，要时刻谨记面团的顶部是有接缝的一面。

将经过预热的荷兰烤锅从烤箱中取出，打开盖子，小心地将面团放入锅中，使有接缝的一面朝上。盖好盖子，烘焙 30 分钟，然后小心地打开盖子，再烘焙 20 ~ 25 分钟至整个面包呈深棕色。在打开盖子烘焙 15 分钟后检查面包，以防烤焦。

拿出荷兰烤锅，小心地将它倾斜，倒出面包。将面包放置在冷却架上冷却，或者将面包侧放使空气能在它四周流通。至少将面包静置 20 分钟再切片。

白面粉温热天然酵种面包

我制作这款面包的灵感来自很久之前我参观的一家加利福尼亚州的烘焙房，在这里较硬的白色天然酵种被放到烘焙房中温度较高的地方。这些天然酵种放在烤箱后面的架子上，顶部是漂亮的弧形，还有成熟水果的香味，非常诱人。他们用这种酵种制作出非常好吃的酸面团法棍，那时我就在想有一天我也用这种天然酵种试着制作面包。

在这个配方中，你所培养的天然酵种与其他配方中的完全不同。在别的配方中你可以使用相同的方法喂养天然酵种，这个配方中你要用白面粉和少量的水——只需达到70%的水化度，所以这种天然酵种会非常的硬。天然酵种会被放到一个较为暖和的地方——温度为29～32℃是最理想的。这种面团给人的印象非常深刻，而且这也是一种展示制作、喂养天然酵种多种方法的有趣方式。

喂养这种酵种的天数越多，将它放在温暖环境中的时间越长，它就越能形成更多与众不同的特点。如果你想用比这个配方中更长的时间来喂养酵种，我推荐你按照配方中第一天的喂养方法在一天中喂养两次酵种。你可能会选择用这种天然酵种来制作本书中的其他面包，那就需要在最终面团中调节面粉和水的用量以弥补这种面团的低水化度（70%）。想了解更多的细节，可以参见本书第194页"制作自己的面团"。

我将这款面包看作是一种季节性的夏日面包。这里的难题在于要找一个合适的地方使天然酵种能在所需的温暖温度下发酵。我使用的是家里的烤箱，我会将烤箱里的灯打开，再把烤箱门稍稍打开一些，让烤箱内的温度保持在29℃；如果将烤箱门关上，那么烤箱内的温度会达到38℃。当你要用烤箱烘焙时，千万不要忘记烤箱里面还放着天然酵种！同样，你也可以找一个温度比较高的环境，仓库或者外面非常热的走廊都可以，而且这些地方没有烤箱那么危险。

这个配方能够制作两个面包，每个重约680克。

发酵时间： 5～6小时

醒发时间： 11～12小时

时间安排： 第一天，早晨9点喂养天然酵种，下午6点再喂养一次。第二天，早晨9点喂养新的天然酵种，下午3点制作最终面团，晚上8点给面团整形，将面包放入冰箱中进行整夜醒发。第三天早晨7～8点烘焙。

第一次喂养（第一天）

原料	用量	
成熟的、活性天然酵种	50 克	接近 1/4 量杯
白面粉	250 克	$1^3/_4$ 量杯 +3 大勺
水	175 克，29℃	3/4 量杯

第二次喂养（第一天）

原料	用量	
第一次喂养之后的天然酵种	50 克	接近 1/4 量杯
白面粉	250 克	$1^3/_4$ 量杯 +3 大勺
水	175 克，27℃	3/4 量杯

第三次喂养（第二天）

原料	用量	
第二次喂养之后的天然酵种	100 克	1/3 量杯 +$1^1/_2$ 大勺
白面粉	500 克	$3^3/_4$ 量杯 +2 大勺
水	350 克，29℃	$1^1/_2$ 量杯

最终面团

原料	最终面团的用量	
白面粉	750 克	$5^3/_4$ 量杯 +$1^1/_2$ 大勺
水	605 克，27℃	$2^2/_3$ 量杯
细海盐	20 克	1 大勺 +3/4 小勺
快速酵母粉	1 克	1/4 小勺
天然酵种	425 克	$1^1/_2$ 量杯 +1 大勺

烘焙师的百分比配方

天然酵种中的用量	配方中总的用量	烘焙百分比
250 克	1000 克	100%
175 克	780 克	78%
0	20 克	2%
0	1 克	0.1%
		25%*

* 天然酵种的烘焙百分比指的是最终面团所用的天然酵种中的面粉占整个配方中面粉的百分比。

1a. 第一次喂养天然酵种 大约在最后一次喂养天然酵种的 24 小时后，就可以开始喂养新的、较硬的天然酵种了。留下 50 克天然酵种，将其余的都扔掉。将留下的天然酵种放到 6 夸脱的面盆中，加入 250 克白面粉和 175 克温度为 29℃的水，用手搅拌至所有原料混合均匀。盖好，在温度为 29 ~ 32℃的地方静置 8 小时。

1b. 第二次喂养天然酵种 8 小时后，天然酵种的体积应该会变为原来的 3 ~ 4 倍，当你打开容器盖子时，你还会闻到一股酒精味。这就证明天然酵种已经成熟了。这时的天然酵种应该充满气泡，内部是漂亮的网状结构，这是它的最佳状态。

留下 50 克第一次喂养的天然酵种，将其余的都扔掉，加入 250 克白面粉和 175 克温度为 27℃的水，用手搅拌至原料混合均匀。盖好，在温暖的地方静置一整夜。

1c. 第三次喂养天然酵种 14 ~ 15 小时后，再一次喂养天然酵种。酵种状态应该与上一步相似——体积变为原来的 4 倍。当你打开盖子时，一股令人头晕的气味会扑面而来。

留下 100 克第二次喂养的天然酵种，将其余的都扔掉，加入 500 克白面粉和 350 克温度为 29℃的水，用手搅拌至原料混合均匀。盖好，在温暖的地方静置 6 小时，再开始

制作最终面团。在 6 夸脱的面盆中，天然酵种的高度要达到 2 夸脱的刻度线。

1d. 浸泡　5$^1/_2$ 小时后，将 750 克白面粉和 605 克温度为 27℃的水在 12 夸脱的圆形面盆或者相似容器里，用手搅拌至所有原料混合均匀。盖好，静置 20 ~ 30 分钟。

2. 制作最终面团　将 20 克盐和 1 克（1/4 小勺）酵母粉均匀地撒在面团顶部。

在容器中装入约一指深的温水，这样天然酵种在称重后，就可以方便地取出了。用湿手将 425 克天然酵种转移到容器里。

将称量好的天然酵种转移到 12 夸脱的面盆中，在转移的过程中，尽量减少天然酵种带出的水分。用手和面，在和面前将手打湿，这样在和面过程中面团就不会粘手了。交替用钳式和面法和折叠和面法使所有原料混合均匀。和好的面团的温度应为 25 ~ 26℃。

3. 折叠　和好的面团需折叠（第 73 ~ 74 页）3 ~ 4 次。在面团和好之后 1$^1/_2$ ~ 2 小时进行折叠最容易。

如果你想把剩余的天然酵种保存起来，并且不打算继续喂养它，则可以将其中的 300 克左右放入冰箱中，并参照本书第 140 ~ 141 页介绍的方法进行保存。这种天然酵种在之后可以激活成能正常使用的天然酵种。

面团和好 5 ~ 6 小时后，当面团的体积变为原来的 2¹/₂ 倍时，就可以进行分割了。

4. **分割**　用蘸过面粉的手轻轻地取出面团，将面团转移到撒有少量面粉的工作台上。用蘸过面粉的双手再次拿起面团，轻轻放回工作台上，使面团的形状更规整。在面团中间要下刀的地方撒上面粉，然后用面团刀或塑料面团刮板将面团切成大小相同的两个。

5. **整形**　在两个发酵篮里撒上面粉。将两个面团按照第 75 ~ 77 页介绍的方法做成紧实度中等的球形面团。将它们分别放到发酵篮中，有接缝的一面朝下。

6. **醒发**　将两个发酵篮分别装入塑料袋中，放入冰箱中冷藏一整夜。

第二天早晨，在面团放入冰箱 11 ~ 12 小时后，面团就可以取出直接烘焙了，不需要恢复至室温。

7. **预热**　至少在烘焙前 45 分钟就将烤架放到烤箱中层，再将两口荷兰烤锅放在烤架上，盖上盖子。将烤箱预热至 245℃。

如果你只有一口荷兰烤锅，则需要在烘焙前 20 分钟将一个面团放入冷藏室中。在取出第一个面包后将荷兰烤锅预热 5 分钟，继续烘焙即可。

8. **烘焙**　就下一步而言，最重要的是不要让你的手或者前臂接触到非常烫的荷兰烤锅。

将醒发好的面团放到撒有少量面粉的工作台上，要时刻谨记面团的顶部是有接缝的一面。

将经过预热的荷兰烤锅从烤箱中取出，打开盖子，小心地将面团放入锅中，使有接缝的一面朝上。盖好盖子，烘焙 30 分钟，然后小心地打开盖子，再烘焙 20 ~ 25 分钟至整个面包呈深棕色。在打开盖子烘焙 15 分钟后检查面包，以防烤焦。

拿出荷兰烤锅，小心地将它倾斜，倒出面包。将面包放置在冷却架上冷却，或者将面包侧放使空气能在它四周流通。至少将面包静置 20 分钟再切片。

制作自己的面团

你可以把本书的配方看作一个模板，然后调整面团中混合面粉、酵母粉、时间安排以及用水量，无论出于什么原因都可以：口味、物理结构（尤其是对比萨面团而言）、时间、方便程度，或者你像我一样只是为了好玩，想看看究竟会发生什么。

按照你自己的方法来制作面团。本书的配方是可以修改的，我推荐你用这些配方来尝试制作属于自己的比萨和面包。

也就是说，我建议你先按照本书的配方操作，这有助于你建立烘焙自信心，并熟悉我的配方和方法。然后，一旦你用这些配方获得成功并且知道它们会产生什么样的结果后，你就可以改变它们，使它们更符合你的口味、胃或者奇思妙想。

你也许想用周六75%全麦面包（第89页）的配方来制作一款50%全麦面包，或者你想改变一下配方，加入一些黑麦面粉，又或者你决定只用20%的全麦面粉。也许你想用液体天然酵种，以法式乡村面包（第144页）或者本书任何其他的天然酵种面包作为开始。

即使你想严格地按照配方操作，那么你可能还是会遇到一些需要临时做出调整的问题。我们当中的绝大多数人都会这样。在这篇短文中，我会介绍应对突发状况的小技巧。我会从调节水化度开始，一直介绍到改变混合面粉。接下来，我会和你讨论如何调整制作时的时间安排。最后，对经验丰富的烘焙师，我会详细说明选择其他种类的天然酵种的问题。我也会介绍随手记笔记的方法，它是一种记录你的工作非常有用的方法，因为时间久了你就容易忘记时间点（我是什么时候制作的面团？），尤其是当你想根据这些进行下一步操作的时候。

你会注意到，体积在这些配方表中都被忽略了。如果你真的想控制接下来讨论的各种变量，你需要按重量来称量原料，只有这样才准确。

改变水化度

最适合改变水化度的一种面团是整夜发酵波兰酵头比萨面团（第231页），它的水化度是75%。但是，如果你想要更硬的面团的话，你可能得将水化度调至70%——许多人会发现硬面团会比软、黏、水化度为75%的面团更容易制成比萨面饼。我知道这个。这样的面团仍然有波兰酵头的香味。

调节水化度是非常简单的事。面团中加入的水少一点儿就可以了！由于面粉的总用量是1000克（本书中任何一个面包和比萨的配方都是这样的），为了使水化度达到70%，可以简单地将配方中水的总用量从750克减到700克（占面粉总用量的70%）。用与原始配方中相同的波兰酵头，将最终面团中的用水量调至200克。这就行了。由于这种面团会很硬，它只需折叠一次就可以了。

水化度为 70% 的波兰酵头比萨面团

最终面团		烘焙师的百分比配方		
原料	最终面团的用量	天然酵种中的用量	配方中总的用量	烘焙百分比
白面粉	500 克	500 克	1000 克	100%
水	200 克，38℃	500 克	700 克	70%
细海盐	20 克	0	20 克	2%
快速酵母粉	0	0.4 克（接近 1/8 小勺）	0.4 克	0.04%
天然酵种	1000 克			50%

下面是如何调节水化度的另外一个例子：如果你早晨醒来的时候决定要做一个面包在晚餐的时候吃，那么周六白面包就是为这种时间安排而设计的。如果你想试着在这种面包的面团中用更多的水，我的意思是水化度为78%而不是72%，这时你就要用780克水，而不仅仅是配方中列明的720克。由于面团会变得更湿更松软，它就需要多折叠几次来达到你想要的效果。这样，面团才能产生保持所需形状的结构，有助于形成面筋网络，而过多的水会使这样的结构变松散。

改变混合面粉

我一直都是这么做的。如果你按某一个配方制作面包时只想调整混合面粉的用量，我认为你需要找到合适的配方，然后根据你的口味来改变混合面粉（或者只是用你有的面粉）。最重要的事情是要严格按照配方中面粉的总用量来操作，因为其他所有原料都是按照占面粉总用量的百分比来确定的。

让我们来改变第 93 页整夜发酵白面包配方中的混合面粉。这个配方中用到的只有白面粉，但是我们可以将 100% 的白面粉改为 70% 的白面粉、20% 的全麦面粉和 10% 的黑麦面粉的混合。（这样制作出的面包与第 159 页和第 162 页的混酿面包相似。）将白面粉的用量变为 700 克，加入 200 克全麦面粉和 100 克轻黑麦面粉或纯黑麦面粉——如果你喜欢的话，你也可以多加一点儿水，比如说 20 克。但是，由于黑麦面粉比其他面粉的吸水性差，所以我们也可以将水的用量与配方中保持一致，酵母粉和盐的用量也要保持一致。

用白面粉、全麦面粉、黑麦面粉制作整夜发酵白面包

原料	用量	烘焙百分比
白面粉	700 克	70%
全麦面粉	200 克	20%
轻黑麦面粉或纯黑麦面粉，室温	100 克	10%
水	780 克，32～35℃	78%
快速酵母粉	0.8 克（接近 1/4 小勺）	0.08%
细海盐	22 克	2.2%

调整时间表

有时，你需要调整配方的时间表——可能是因为你已经提前知道接下来的步骤中需要更多的时间处理面团，又可能发生了意想不到的事情，你知道得晚点儿处理面团。由于面团发酵时间和醒发时间都与天然酵种的用量以及面团的温度有关，你可以通过调整这些变量来给自己争取更多的时间。请注意，我并不是提倡加速发酵或者醒发，因为这样会影响面包的品质。

这是一个例子：你想制作一个周六面包，但对你来说，8 小时的发酵时间比配方中的 5 小时更适合你。在这种情况下，我建议你将酵母粉的用量减少 1/3，而温度还是与原来的一样。将你做的改变以及它的效果记录下来，然后在下一次制作的时候再调整酵母粉的用量。

这是另一个例子：仍然使用周六面包配方制作面包。可是到了给面团整形的时候，你晚上的计划有变化，可能无法烘焙面包了。在给面团整形完毕之后，将面团立刻放入冰箱中（将面团放在发酵篮中并装入塑料袋里），在第二天早晨烘焙就可以了。如果你只是想将整形和烘焙之间的时间延长约1小时，那也没问题，将整形完毕的面团放入冰箱中50分钟~1小时，这样它们就能将形状保持几个小时了。将面团直接从冰箱取出烘焙就可以了，不需要在烘焙前恢复至室温。

还有一种情况：或许你在下午3点的时候就和好了最终面团，那样在晚上8点的时候可以分割、整形了，但你在晚上7~9点需要开会。就像之前的例子中那样，无论什么时候你想延长制作时间，只要直接将面团放入冰箱中就可以了。根据室外的温度，你也可以将面盆或者整形完毕的面团放到室外——如果是面盆，则需要将其盖好；如果是整形完毕并放入发酵篮中的面团，则需要将其放到塑料袋中。对时间你总是会有一些推测。要时刻谨记，面团需要一定的时间才会变凉，而且它在较低的温度下还会继续发酵。

当用这种方法延缓面团发酵时，在面团充分发酵之前，你千万不要试图进行下一步的操作。正如调节水化度一样，这样有助于你熟悉原来的配方，使你能够辨别出面团什么时候发酵完成或醒发完成。通过实际经验，你要学会根据面团的样子做出判断。

我的总体的指导思想就是在发酵或醒发阶段，你可以通过将面团放入冰箱或者温度较低的地方来延长制作时间。通过实践，你就能学会如何操作，并且得到非常不错（有时会是更好）的结果。只是要注意，当进行下一步操作时，你必须要确保面团是充分发酵或者醒发的，否则烘焙出的面包在味道或体积上都会有所欠缺。

反过来说，有时候你的面团也会发酵得太慢——在冬天经常出现这样的问题。如果面团在5小时内体积并没有变为原来设定的3倍；或者经过整夜发酵的面团的体积只是原来的2倍，但是其最少应该达到原来的 $2\frac{1}{2}$ 倍时，这时你就可以找一个暖和的地方来加速面团的发酵。我能迅速找到的暖和的地方就是我的烤箱了——烤箱门半开，打开烤箱灯，这就能达到最适宜的温度。当波兰酵头或意式酵头发酵不充分时，你也可以采用同样的方法。不要打开面盆的盖子，因为那样会使面团变干。注意，使面团温度升高时，你要用探针温度计测量面团的温度，最好不要让面团的温度高于 27℃太多。当面团的温度升高之后，你就能看到它发酵得有多快了，这非常有趣。面团发酵不充分的情况在每名烘焙师身上都时有发生。不要害怕，只要放到温暖的地方就可以了。

天然酵种的选择

这一部分主要针对有经验的烘焙师，但如果你不是初学者，也可以了解一下这部分的内容。我在这里将要介绍两个例子，之后你就可以推断出其他"如果"的情况了。

在温热天然酵种中调整混合面粉

让我们先来看一个例子——如何将白面粉温热天然酵种面包（第 189 页）配方中的白面粉天然酵种用在其他面包中。这是一种非常可爱的天然酵种，它味道非常独特，因此你会想在本书其他配方中使用它。这真的就像调整混合面粉一样简单，就像之前的描述一样，在最终面团中用一些全麦面粉或者黑麦面粉，也可以是卡姆面粉。只要确保在最终面团里所用的面粉总量与原配方中是相同的就行了。在最终面团中不使用 750 克白面粉，而使用一种新的面粉组合，只要它们的总用量为 750克就可以了。下面的例子是 40% 全麦面粉的版本，1000 克（这个配方中的面粉总用量，包括天然酵种中的面粉）的 40% 是 400 克，因此要使用 400 克全麦面粉和 350 克白面粉。同样，你也可以使用 100 克黑麦面粉、200 克全麦面粉和 450 克白面粉，最终面团中的混合面粉总重量也是 750 克。

在下面的例子中，需要用更多的水来适应全麦面粉的高吸水性：20 克水就能将

面粉的吸水性

正如前面提到的一样，全麦面粉能比白面粉吸收更多的水分。因此，当你在配方中减少全麦面粉增加白面粉时，你用更少的水就能使面团达到相同的黏度了。相反，如果你增加了全麦面粉的用量，你就需要用更多的水来使面团达到相同的黏度。当然，要对黏度做出准确判断，你就需要先熟悉配方中原料的规定用量，这样你就会有一个对照的参数了。当增加水的用量时，最好是一点儿一点儿地添加，要称量水的重量而非仅仅用眼看。就水的体积而言，30 克和 40 克看起来都非常少，但是在制作面团时却会产生很大的不同。

温热天然酵种，40% 全麦面粉

最终面团		烘焙师的百分比配方		
原料	最终面团的用量	天然酵种中的用量	配方中总的用量	烘焙百分比
白面粉	350 克	250 克	600 克	60%
全麦面粉	400 克	0	400 克	40%
水	625 克，27℃	175 克	800 克	80%
细海盐	20 克	0	20 克	2%
快速酵母粉	1 克（1/4 小勺）	0	1 克	0.1%
天然酵种	425 克			25%*

* 天然酵种的烘焙百分比指的是最终面团所用的天然酵种中的面粉占整个配方中面粉的百分比。

水化度从 78% 提高到 80%。

你也许会注意到，在本书第 189 页的白面粉温热天然酵种面包配方中，天然酵种里包含了配方中 25% 的面粉，但是只用了 0.1% 的酵母粉，本书中的混合天然酵种配方中使用了 20% 天然酵种和 0.2% 的酵母粉，而纯天然酵种中只有 20% 的天然酵种却没有用到酵母粉。在这个配方中为了突出这款天然酵种面包特殊的品质，我使用了更多的天然酵种。有了更多的天然酵种，我需要的酵母粉就更少。你也可以进行更进一步的操作，同时减少酵母粉，只需要让面团发酵时间长一点儿。

液体天然酵种

"液体天然酵种"是任何一位优秀的专业烘焙师都知道的术语。一般来说，它是指用相同重量的水和面粉（尤其是全部为白面粉）制成的天然酵种。液体天然酵种会赋予面包独有的特点，我总会把这种酵种的味道与乳酸的味道联系在一起，觉得面包中含有牛奶或者黄油。如果液体天然酵种已经完全成熟，它还会带有一种淡淡的成熟过度的水果的味道——这是由于酒精（来自酵母的长时间发酵）和酸（来自细菌的发酵）结合的过程中产生的挥发性酯。

在制作液体天然酵种时，可以使用本书中提到的基础天然酵种的制作方法，详见本书第八章的介绍。然后，在你制作最终面团的前一天，按照下面介绍的方法使酵种变为液体酵种。你想改变基础天然酵种时，喂养酵种的时间越长，面包味道就会越复杂，这是因为野生酵母菌、细菌和它们产生的酸在新的环境中不断增多。

正如你所看到的一样，第一天喂养时酵种的水化度达到了 100%，而并非基础天然酵种的 80%。在第一次喂养时，它也会用到少量成熟的基础天然酵种。

时间安排：第一天，使用本书第八章中制作的基础天然酵种，在早晨 9 点喂养新酵种，在下午 6 点再喂养一遍。第二天，在早晨 9 点喂养新酵种，在下午 3 点制作最终面团，在晚上 8 点给面团整形，将面团放入冰箱中醒发一整夜，在第三天早晨烘焙。

液体天然酵种

第一次喂养（第一天）

原料	用量
成熟的、活性天然酵种	50 克
白面粉	250 克
水	250 克，35℃

第二次喂养（第一天）

原料	用量
第一次喂养之后的天然酵种	250 克
白面粉	250 克
水	250 克，29℃

第三次喂养（第二天）

原料	用量
第二次喂养之后的天然酵种	100 克
白面粉	500 克
水	500 克，29 ~ 32℃

非常适合用液体天然酵种的一个配方是本书第 144 页的法式乡村面包。用你的新的液体天然酵种来代替标准的基础天然酵种，原料的用量见下面的表格。因为液体天然酵种中的水要比基础天然酵种中的多，因此在制作最终面团时，原料中水的用量要比原始配方中的少。然而，和好的面团的水化度与原来的仍然是一样的——78%。制作最终面团时水的用量会减少 40 克，因为有 40 克的水加入酵种中了。

用液体天然酵种制作的法式乡村面包

最终面团		烘焙师的百分比配方		
原料	最终面团的用量	天然酵种中的用量	配方中总的用量	烘焙百分比
白面粉	700 克	200 克	900 克	90%
全麦面粉	100 克	0	100 克	10%
水	580 克，32 ~ 35℃	200 克	780 克	78%
细海盐	21 克	0	21 克	2.1%
快速酵母粉	2 克（1/2 小勺）	0	2 克	0.2%
天然酵种	400 克			20%

配方速记

无论什么时候我对配方做出调整，我都会迅速把它记录下来（即便我当时没有记下来）。这样，我就能明确地知道我都做了些什么，而不是仅仅依靠我容易出错的记忆来回想。例如，我在 8 小时之前制作最终面团时，是放了 560 克面粉还是 540 克面粉。出于这个目的，我在厨房里放了一个口袋大小的笔记本用作配方速记本，我想我应该把我们的方法分享给你。无论什么时候你要调整一个配方，你都应该记录下来你做过什么，作为操作过程中的参考，也便于你日后查看哪些调整起作用而哪些没有。

下面是我对用整夜发酵波兰酵头比萨面团（第 231 页）所做的配方速记。

——波兰酵头：500 克面粉、500 克温度为 27℃的水、0.4 克酵母粉。将其在 21℃室温下静置 12 ~ 14 小时。

——不需要浸泡。

——最终面团：500 克面粉、250 克温度为 40℃的水、20 克盐、波兰酵头。折叠 2 次。5 ~ 6 小时后体积可变为原来的 $2\frac{1}{2}$ 倍。将面团分成 5 个（每一个 350 克），整成球形面团。在室温下静置 30 ~ 60 分钟，然后放入冰箱中。

然后，我将过程这样记录。

——早晨 7 点制作波兰酵头。

——制作面团，水温只需要 35℃，最终的混合温度为 22℃。下一次要用温度更高一些的水。

——折叠两次。

——面团在下午 3 点时变为原来的 $2\frac{1}{2}$ 倍。在下午 3 点半将面团放入冰箱中。

下面是我对混酿 1 号面包（第 159 页）所做的配方速记。

——天然酵种：在早晨进行第一次喂养。使用 100 克成熟的天然酵种、400 克白面粉、100 克全麦面粉、400 克温度为 29 ~ 32℃的水。在室温下静置 6 小时，再制作最终面团。

——浸泡：590 克白面粉、60 克全麦面粉、150 克细黑麦面粉、590 克温度为 32 ~ 35℃的水，静置 20 ~ 30 分钟。

——最终面团：360 克天然酵种、21 克盐、2

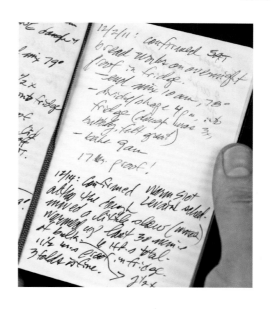

克酵母、折叠 3 ~ 4 次。5 小时后变为原来的 $2\frac{1}{2}$ 倍。分割、整形、包好，然后放入冰箱中 12 小时。260℃，带盖烘焙 30 分钟，打开盖子再烘焙 20 分钟。

我记录烘焙过程的笔记看起来可能是这样。

——制作天然酵种，早晨 8 点。

——用 32℃的水浸泡。最终的混合物温度为 27℃。下次用温度更低一点儿的水。下午 2 点结束。

——折叠 4 次。

——分割、整形，晚上 7 点放入冰箱中。

——第二天早晨 9 点烘焙。结果不错！

第四部分
比萨配方

第十二章
比萨和佛卡夏的制作方法

在肯的手工面包房开张三年半之后，我想和我的员工一起开展一个新项目，想看看我们是否能用我们的大型燃气烤箱烘焙出好吃的比萨，通常比萨是在烤炉的炉床上烘焙的。毕竟，比萨也是面包的一个变种，所以它看起来就是我们所擅长的事情的自然延伸。

一开始我们做得不错，所以我们决定将其作为每周一次的狂欢之夜——周一比萨夜的特供食品对公众开放。那是2005年，当时波特兰的堂食形式正在不停地变化，像由利普地下餐厅、家庭晚餐饭店、盘子和干草叉餐厅发起的在农场里举行的夏日白桌布晚餐，这类创新的、非传统的、别出心裁的尝试使得波特兰的堂食形式变得非常特别。每周一个晚上将我的面包房变成餐馆在我们的早期经营中算是创新的一步。当时我们把面包房布置成一个小餐馆，而且这种做法也充分发挥了面包房中一些工作人员的天赋。

那年，因为每周开张一晚的临时比萨店的功劳，我的面包房进入了俄勒冈州餐馆的前一百名，而且从第一个周一晚上开始，人们就排队等位，他们像油酥面皮一样紧贴在一起，站在门廊里，手里拿着一杯葡萄酒或者啤酒——这就是比萨的力量。周一比萨夜的里程碑就是后来诞生的肯的手工比萨店——我和我的主厨艾伦·马尼斯卡尔科于2006年在波特兰东南部开的一家燃木烤炉比萨店。艾伦已经在面包房工作了4年，也曾经管理过面包和油酥点心组，而且在他决定要帮我经营比萨店之前，他也在管理周一比萨夜的厨房。

在肯的手工比萨店中，我们烘焙比萨的灵感来自那不勒斯比萨，在我和艾伦的多次意大利之旅中，每一次它都深得我们的喜爱。我们做的是同一种大小的比萨，直径 12 英寸，面饼非常薄。我们的厨师用螺旋上升的方式将面团抛在空中，使力量均匀分布在薄薄的面饼上，飞在空中的面饼也使比萨店看起来更像剧院。

馅料要放在面饼有中间凹陷的那面，目的是让面饼、酱料和馅料之间达到平衡。我们还要让面饼的底部和边缘微微烧焦。微微烧焦，这点做起来并不简单！在温度达到 399℃ 时，事情会变化得非常快。我们使用的全脂马苏里拉奶酪会完全熔化，乳脂会缓慢渗出，在面饼顶部形成一抹棕色。比萨顶部的那点儿新鲜罗勒叶也会被烘焙得松脆。

烤炉后部会有一堆红色的火焰余烬，你从街上就能看到里面舞动着的熊熊火焰。我们会在烤炉里烧一些薄薄的橡树或浆果鹃木片，有时候也在炉底用一些其他硬木碎块，在每个需要提供比萨的夜晚要不断地往烤炉中添柴。早晨，在烘焙完面包和其他食物之后，在中午重新点火之前，烤炉仍会有一些余热。餐馆中的烤炉一天中至少有 10 小时都燃烧着，每一天都是这样。

图示的这个烤炉是巴鲁尔砖石烤炉，是由蒂莫西·西顿建造的，他们家三代都

是泥瓦匠，擅长建造烧木头的设施，他现在是壁炉泥瓦匠中心的主席，也是木质燃烧设施国际标准组织的秘书长。蒂莫西熟知他所用的材料，他是一名出色的工匠。烤炉中炉床的直径接近 2 米，它是由多种材料制成的，起支撑作用，并将内部的热量辐射到烘焙表面。早晨，烤炉的温度仍然会高于 260℃——温度过高以至无法烘焙面包。然而，烤炉外面的温度却永远不会超过 43℃，那真是令人印象深刻的场景：在餐馆中间白色的圆拱形烤炉中有一团火焰。

烘焙比萨的时候，它们的底部通常距烤炉火焰有 4 ~ 5 厘米的距离。这时，比萨底部的温度大约为 399℃，而在有火苗的地方，温度会超过 538℃。虽然都是在烤炉内部，但是比萨面饼顶部和底部的温差能达到 56℃。每个比萨在烘焙的过程中都会旋转——而且在两分半的时间里就要取出来。当比萨的底部、顶部以及面饼边缘同时达到最佳状态时，比萨是最好吃的。这种燃木烤炉正是能达到那种最理想的烘焙效果的烤炉。

你可能会问："知道这些对我在家烘焙有什么帮助呢？"说实话，我也不知道。但首先，你能制作出一个非常不错的面团。用它制作的面饼的味道也会非常不错。其次，你可以使用价格不很高但是质量最好的原料。一罐圣马尔札诺番茄的价格可

能有些高，但是购买它的花费要比你从市场上购买用普通番茄制作的比萨的花费少。一罐约 800 克的番茄足以做出能够制作 5 个比萨的酱料。你可以在比萨中加入袋装全脂马苏里拉奶酪、好吃的萨拉米以及新鲜的罗勒叶，而且你肯定还有不错的橄榄油、大蒜和辣椒粉。如果你手边还有优质的干牛至，那可真是太好了，但如果你没有的话，也没关系。

比萨面团概论

第十三章介绍了 4 个制作比萨面团的配方，每一个配方都能制作 5 个直径为 12 英寸的面饼。所有的面团都能制作出不错的比萨，每一个配方都提供了不同的时间安排供你选择，有一天之内就可以完成的直接面团配方，也有使用波兰酵头或者天然酵种的整夜发酵面团配方。第十四章介绍了用两种红酱（光滑和厚实）、烤番茄和多种馅料制作比萨和佛卡夏的配方。我建议你从制作玛格丽特比萨（第 239 页）和纽约客比萨（第 241 页）开始，在这两个配方的基础上，你就可以制作许多不同馅料的比萨了。挑选面团配方，挑选酱料配方，选择奶酪和馅料，然后就可以烘焙你的比萨了。下面的说明和配方中都会给你足够的指导。

第十四章中制作比萨和佛卡夏的配方是按照烘焙方法来排序的。这里将提供一个快速介绍，这样你就能够知道该选择哪种方法了。首先，从第 239 页开始的配方介绍的是用预热过的比萨石烘焙比萨的配方。如果你想制作令人惊叹的那不勒斯比萨或者纽约客比萨的话，你需要那些技巧。然后，从第 253 页开始你将会看到用铸铁煎锅制作深盘比萨的配方。如果你没有比萨石，或者你只是想简单不费事儿地（想一下，你在晚上很晚或者忙碌了一天回家后——你想做出很好吃的东西，但又不想费力，而且冰箱里还有几个球形面团）制作一个家庭比萨时，这样的配方是完美之选。最后，从本书第 258 页开始，你会看到用烤盘或者平底锅制作佛卡夏的配方。

意大利 00 号面粉： 这种面粉产自意大利那不勒斯附近的区域，是用来制作那不勒斯比萨的标准面粉。它的质地细腻，你在处理面团的时候就能感觉得到。用它制作的面团非常柔软，但仍具有可以制作成面饼的拉伸强度，烘焙出的比萨面饼好吃又松脆。

正如本书第五章、第六章和第九章中介绍的配方一样，有一些面包面团可以用于制作比萨或者佛卡夏。对许多面团而言，使用铸铁煎锅或烤盘是最好的。你可以用第十三章介绍的比萨面团来制作传统的佛卡夏，或者用本书任何配方中的面包面团制作不是那么传统的佛卡夏，即便配方中并没有那么写。你所用的面团不同，佛卡夏的组织也会不同，既有非常轻盈的（用意式酵头、波兰酵头或者周六面包配方制作的面团）也有非常厚实的（用天然酵种面包配方制作的面团）。每一种都有其独特的特点。你要试着去感觉，不要被规矩所束缚。在准备面团和馅料的时候，你要充分利用手边现有的材料和常识。

面团水化度的注意事项

下面介绍的比萨面团的水化度都在 70% ~ 75%，而传统的比萨面团的水化度接近 65%。本书中所介绍的比萨面团配方是专门为用比萨石烘焙或者砖石烤炉烘焙所设计的。

对佛卡夏（它并不是直接在火炉中烘焙，而是放到烤盘上烘焙）而言，你要使用比比萨面团更湿的面团，就像 80% 意式酵头白面包配方（第 110 页）中的面团。因为你要把佛卡夏面团放到平底锅或者涂过油的烤盘上，所以你可以使用更松软的面团。相反，如果你是在比萨石上烘焙比萨，你需要使面团具有良好的结构，这样它才能被整为薄面饼，在面饼上面装饰上馅料，再使其滑到经过预热的烤炉中。较湿的面团更软更黏，除了和面，其他每一步的操作也都非常困难。在整形或者使比萨滑到烤炉的过程中，用这种面团制作的面饼很可能会出现破洞。在比萨面饼底部没有完全变硬实之前，当你想将比萨移动一下或者滑出烤炉时，比萨面饼就很可能会在比萨石上裂开。

然而，我喜欢高水化度的面团，即便它们操作起来又黏又棘手，但它们能给予我想要的发酵的全部特质。这种面团能使面饼有更膨松的边缘、发酵更充分，并有更加细腻的组织。细腻的组织同样也来自合适的高温烘焙以及使用柔软的 00 号面粉或者中筋面粉。本书中这三种水化度为 70% 的面团算是一种折中做法。波兰酵头比萨面团配方的水化度为 75%，它会使比萨向外扩展，并且要求操作更精细。有三项关键的技巧可以帮助你用这种高水化度的柔软面团成功制作出比萨。第一，在面团和好后需要折叠面团以增加它的强度。第二，如果用刚从冰箱中取出来的凉面团制作比萨，则需要更大的强度。第三，由于这种面团有些粘手，你需要在整形之前将每个面团在面粉里滚一滚，使面团裹上面粉，这样面团就不会粘手了。大多数人都知道，在面包面团整形的过程中，不能加入面粉，但是对比萨面团而言却不一样——在这种情况下，面粉是你的朋友。如果你在处理这样的面团的时候仍觉得有困难，你还可以将面团配方中的用水量减少 2% ~ 3%。然而请注意，这样会使手工和面变得更加困难，所以你可能需要使用和面机，而且你需要先化开酵母。

制作比萨面团的方法

本书中制作比萨面团的方法与面包面团的相同，所以你可以按照第四章介绍的基本方法来进行浸泡、和面和折叠。我将会详细介绍剩下的步骤，以对制作过程进行更加详尽地描述，而不仅仅是介绍配方本身。

分割面团

在工作台上撒适量面粉，你需要一块大约 60 厘米见方的区域。用蘸过面粉的手小心地将面团从面盆中放到撒有面粉的区域。在取出面团之前，要先沿着面盆边缘撒上一些面粉，使面盆微微倾斜，如果面团粘在了面盆上，则需要轻轻地拉面团使底部松动。不是简单地将面团从面盆中拉出来，而是轻轻地将面团从面盆里取出来。在取出面团之后，再次轻轻地拿起面团，放回工作台上，使面团的形状更加规整，在面团的顶部撒上面粉。随后，用面团刀或者塑料刮板将面团分割成大小相同的 5 个（你可以用眼睛来看或者用秤来称），每一个面团的重量大约为 350 克。每个面团最好不要添加多于两个小面团,否则面团将很难整形,除非将其静置相当长的时间。如果你想添加一个小面团以增加面团的重量，在整形的时候要将后添加的小面团包在原来的面团的中间，再将面团整为球形。按以下步骤操作。

将面团整为球形

你可以用给面包面团整形的方法给比萨面团整形，将面团整为球形，详见"第五步：整形"（第 75 ~ 77 页）中的描述。在这一步的操作中，不要使面团中的气体逸出——气体会影响比萨的味道！下面是相关内容。

1. 每一次都拉起 1/4 的面团，直到面团达到断裂临界点，然后折到面团顶部。

2. 按照这个方法重复折叠面团，直到面团成为圆形，能保持住形状。然后，将面团翻转过来，有接缝的一面朝下放到工作台上没有撒面粉的区域（没有撒面粉的区域有更大的摩擦力，这样能增加下一个步骤中面团的弹性）。

3. 正对面团，将双手拢成杯状环绕在球形面团的后面。将整块球形面团推到距你 15 ~ 20 厘米远的干燥且未撒面粉的区域。用你的小指按住面团，这样就能给面团施加足够的压力，以使面团紧贴在工作台上，不会滑动。在你推面团的过程中，面团会变得更加紧实，弹性也会增加。

4.将面团旋转 90°，按上述步骤重复操作两三次，使面团更加紧实。面团无须过于紧实，但你也不想它过于松软吧？在将球形面团整为比萨面饼之前，还需要用一定的时间让它松弛。如果你比较赶时间，希望能快一点儿烘焙比萨，给比萨面饼整形的时间较短，则可以将球形面团制作得松软一点儿、弹性小一点儿。

5.将剩余的面团也按照上述步骤操作。

如果你使用的是柔软的 00 号面粉，在整形的过程中你就会发现面团有多柔软，并且能够感觉到它的柔韧性。这是一件很美好的事情。

醒发球形面团

在有边烤盘或者几个晚餐盘中撒上少量面粉，再放上球形面团，相邻的面团之间要留出一定的空隙，为面团的膨胀预留空间。用手在球形面团的顶部轻轻地抹一点儿油或者撒一些面粉。用塑料保鲜膜包裹好面团，在室温下静置 30 ~ 60 分钟（如果是佛卡夏的话，则静置的时间更长，可以参考后面的介绍），再将面团放入冰箱中松弛。我喜欢将面团在冰箱中静置至少 30 分钟后整形，因为我发现凉面团更容易

比萨面团的注意事项

如果你只想制作一两个比萨，你可能会好奇为什么或者是否要准备足够的面团来制作 5 个球形面团。你可以将配方中原料的用量减半，也可以将配方中原料的用量增加到原来的 5 倍！只要原料用量的比例与配方的相同即可，不需要在总重量上完全一样，但是如果原料的量比较大，用和面机会比用手更轻松。

我喜欢多准备一两个球形面团，以免整形时有一个面团扯坏了或者出现差错，或者它不能顺利地转移到烤炉里。有一次，在我刚要把比萨放到烤炉里去的时候，我的狗抓住了它，然后一场有趣的拔河游戏开始了。（为什么我要把准备烘焙的比萨放到与狗高度相同的咖啡桌上呢？）如果比萨做完之后还有多余的面团，我可能会用它制作一款简单的佛卡夏，用番茄酱或者橄榄油、盐、胡椒粉做馅料，烘焙好可以立即食用，也可以包起来第二天再食用。

整形，而不会被撕裂。

任何剩余的球形面团都可以在冰箱中保存一两晚，你可能会发现，你更喜欢冷藏后的面团，因为它在冰箱中产生了更多的味道。

在我制作佛卡夏面团的时候，如果我还要用它来制作面包或者比萨，我会让它发酵更长的时间。面包面团需要在发酵过程中建立起它的结构。在面包面团整形完毕之后，你只要在面团没有过度醒发（蛋白质会分解，这样面团就无法包裹住发酵产生的气体，面团就会塌陷）之前烘焙就可以了。而佛卡夏面团却不会面临这样的问题，因为在制作面团时你不需要追求最大程度的膨胀。事实上，过度醒发会使佛卡夏面团更加容易变形，并且还会使你的指纹留在面团上，但是过度醒发能使边缘膨胀充分，以达到我想要的形状。

正如你猜测的那样，我喜欢让面团过度醒发以产生更多的发酵味道。所以对佛卡夏而言，要在刚刚整形完毕的球形面团顶部抹上橄榄油，然后用塑料保鲜膜包裹好，在室温下静置 2 小时。接下来，你既可以将面团冷却后使用，也可以立即制作佛卡夏。

让我们谈谈酱料

好的，你已经做好你的球形面团了。现在到了制作酱料的时间了。怎样才能做出非常棒的比萨酱料呢？秘密就是番茄。商店里买来的大多数罐装番茄含的酸比较多，并不适合用来制作比萨酱料。这就是为什么许多比萨酱料配方中含有糖。这些番茄也许能制成不错的意大利面酱，但是我们制作比萨时并不是使用番茄酱。相反，我们是将番茄放到比萨面饼上烘焙，这样能使酱料保持新鲜的味道。

解决的方法非常简单：购买罐装的意大利圣马尔札诺番茄。这种番茄非常棒，与成品番茄酱有很大不同。圣马尔札诺番茄生长在那不勒斯附近，也是在那里装罐的，而且它们也是真正的那不勒斯比萨使用的唯一番茄。它们有浓郁而又自然的甜味，果肉饱满，所以它们的水分并不是很多，而且酸度非常低。

你可能会在库存充足的超级市场中找到罐装的圣马尔札诺番茄。如果在你生活的地方买不到这种番茄，也可以使用你能找到的最好的李子番茄来代替。除此之外，你也可以从网上购买，一罐约800克的圣马尔札诺番茄只需要几美元——比你买一个大比萨便宜多了。快去买一打吧，那足够你用一段时间了。

我推荐你买罐装的整个圣马尔札诺番茄。当你要制作酱料的时候，将番茄取出放在滤锅中静置10分钟。沥干后，剩下的就是整个番茄的厚实果肉，你可以用它们来制作比萨酱料。你可以在滤锅下放一个大碗来接滤出的汁液，以作他用；我会将番茄汁、醋和香料混合在一起，用来腌鸡肉或者制作西班牙米饭。

在这一点上你也可以简单化，只是在番茄中加一点儿盐或再放入一点儿橄榄油，然后在料理机中将番茄搅成泥。我喜欢往里面加入切碎的大蒜和红辣椒提味，再加上优质的干牛至，使比萨具有我儿时记忆中的东海岸比萨的味道。（我也将牛至用于制作白比萨。）意大利坎帕尼亚地区（包括它的首府——那不勒斯），还有整个意大利西南部和西西里岛都会使用干牛至。我推荐你使用卡拉布里亚的干牛至，你可以在网上买到。不管怎么样，最好使用优质干牛至，因为它具有自然的辛辣味——否则你最好一点儿都不要用。这里所说的配方都是我理想中的配方，符合我的口味。至少你也可以用好的番茄和少许盐制作出不错的比萨酱料。

芝加哥式比萨酱料满满地堆在厚厚的面饼上，显得既厚实，又不会成浆。在我吃过许多比萨之后，我非常喜欢将厚实的酱料和光滑的酱料混合使用，也许只是一时的突发奇想而并没有考虑面饼的厚度。

比萨石烘焙

我在本书中加入了比萨和佛卡夏的配方，最初我只是想挑战一下，就像在我之前的其他人一样，想看看只使用标准的家用烤箱和比萨石是否能做出好吃的比萨。我将比萨石放到烤箱中上层的烤架上，使用烘和烤相结合的方式烘焙。烘焙出的比萨令我着迷，我希望你也能做出这样的可口比萨。

预热烤箱和比萨石

将比萨石放到烤箱中上层的烤架上，这样比萨石的表面就会在加热管下面约 20 厘米的地方。将烤箱调至最高温度进行预热；绝大多数家用烤箱的最高温度只能达到 260℃ 或者 274℃。如果你有一个专门用于烘焙比萨的烤箱，那么它的最高温度可能会更高一些，我推荐你用 316℃ 的温度来烘焙你的第一个比萨。一直保持超高温度烘焙，直到你已经熟练地操作了几次。要时刻谨记，每一个烤箱都是不同的，所以要多加观察，使你的烤箱达到最好的效果。

烤箱达到了设定的温度时，将比萨石继续加热 20 ~ 30 分钟，然后将烤箱调至炙烤模式烤约 5 分钟，这样能够确保比萨石在烘焙前受热均匀。然后，将烤箱调回烘焙模式，将比萨放入烤箱中，在差不多 274℃ 的温度下烘焙 5 分钟。再将烤箱调至炙烤模式烤 2 分钟，这样比萨顶部的烘焙就完成了。这样的方法能够制作出非常不错的薄皮比萨，它的边缘会微焦，底部也会呈漂亮的棕色。要在手边准备一副夹子以帮助你将比萨从比萨石上取下，放到盘子里。（如果你没有夹子，也可以使用带齿的叉子叉住比萨，将比萨取下，放到盘子里。）

我必须说明的是，在我第一次用这种方法使用我的家用烤箱时，烤箱就出问题了——错误提示灯一直在闪烁，烤箱还发出了蜂鸣声，直到我拉下电闸。我并没有毁了——或者说，弄坏——烤箱，开心。在我第二次尝试的时候，我只用了 3 分钟的炙烤模式，然后就调回烘焙模式了，而且烤箱对我这样的操作也表示没有意见。我之所以提到这一点，是因为每一位家庭烘焙爱好者都需要找到一种方法——既可以将烤箱温度尽可能调高，同时又不会损坏烤箱。我确信，在我的烤箱上所发生的一切就是其内部安全系统导致的结果，即当烤箱内的温度比设定的最高温度还高时，烤箱会自动断电。

关键的一点还是要用你的烤箱所能承受的最高温度来烘焙，而且要将比萨石放

抛比萨面饼

　　抛比萨面饼——这并不是必要的操作，但却非常有趣。要强调的一点是，成功之前，你需要多次重复练习。如果你每一次制作比萨时都有一个面团备用，那么你就可以试着抛比萨面饼了。如果你习惯用右手，先把面团放在右拳上拉伸，一旦面团被拉伸得足够大时，就用你的右拳旋转着将面团抛到空中。如果你习惯用左手，那么就用你的左拳来旋转面团。旋转面团就像用手打汽车方向盘使汽车向左拐弯一样。当面饼足够大的时候，用你的拳头接住面饼，然后停止旋转，将其放到比萨板上——或者如果你认为面饼不会破的话，也可以继续抛。我通常会抛接两三次球形面团，那时面团就成为厚度均匀的薄面饼了。如果你坚持这么做，并且每一次都按照我的配方制作 5 个球形面团，试着抛一两个。我打赌，当你第四次或第五次试着抛面团时，你就掌握其中的窍门了。不要有压力，只要享受其中的乐趣就好了。关键的一点是面饼要达到一致的厚度——或者说，是薄度。你可以边唱《我的太阳》边向朋友炫耀你的技术。如果你的目标是让面饼变得足够薄，这就是实现这一目标的方法。它需要练习，这就是在手边有多余面团的好处之一。如果你这样做的时候失败了，还可以用另一个面团。

到加热管下方约 20 厘米处。在烘焙前将烤箱调至炙烤模式烤几分钟（如果你的烤箱可以的话），在你将比萨放入烤箱中之前，用最高的温度加热比萨石，这样会使面饼的底部变得非常脆，而且颜色也会深一点儿，甚至就像在我的比萨店用燃木烤炉制作的带有黑斑的比萨一样。在烘焙比萨的最后时刻，我重新将烤箱调至炙烤模式的原因在于要用非常高的温度（尽可能最高）完成比萨顶部的烘焙，以模拟高温的

商用比萨烤炉烘焙。家用烤箱中加热管的升温速度不一样，但是一旦通电，它们就能产生非常高的热度。因此，在很短的时间内你的比萨就能从完美发展到烧焦，所以要在烘焙的最后一步仔细盯着。不要担心面饼的边缘会烤焦，即便确实如此。烤焦会使比萨具有戏剧性的视觉效果、松脆的质感和微微的苦味，这些都是我喜欢的。

当你在烘焙比萨的时候，要注意温度设置和比萨在烤箱中的位置，因为这样会使比萨的馅料、底部和边缘同时达到最佳状态。这需要多尝试几次，但非常值得。

组装比萨

在预热烤箱的同时，你就可以组装比萨了。在抛面团或给面团整形的位置旁边，放一大勺比萨酱料，再放一点儿特级初榨橄榄油和其他用来制作馅料的原料，比如切碎的奶酪、萨拉米和罗勒叶。在工作台上给自己留出大约 60 厘米见方的区域用于处理面团，并在旁边留出可以摆放比萨板的地方。

将面团制成比萨面饼的方法有很多种。有着薄薄面饼的比萨是典型的那不勒斯比萨，虽然制作它需要不断地练习，但是我可以给你提供一些小窍门，让你一开始就能成功。

正如前面提到的那样，这些比萨面团都非常柔软，所以最好在面团还凉的时候就开始操作。面团刚从冰箱中取出来之后，就可以整形了。那时的面团不太容易被撕裂，或者出现其他问题，而且这样做出的面饼的边缘在烤箱中膨胀得也会更大。

将比萨板放到工作台上处理面团的区域的旁边。木制比萨板无疑是最好的，将制作比萨面团的面粉轻轻撒到比萨板上，不要使用玉米粉或者其他粗谷物面粉。

当处理本书中介绍的比萨面团时，面粉就成了你的朋友。在工作台上撒上大量面粉，然后将一个球形面团放到工作台上，按在面粉上拍平。然后，将面团翻过来，将另一面也按照同样的方法操作。将面团的中间部分按下去，在边缘处留出 2.5 厘米不按，然后将面团翻过来重复这一操作。

双手抓住面团的边缘将面团提起来，这样面团就会竖直悬垂在半空中，将大拇指放到距面团边缘约 2.5 厘米的地方，这样能保护面团的边缘。让面团在重力的作用下向下拉伸。双手沿着面团的边缘转动几圈。如果面团非常黏，可以分别在面团的顶部和底部再各撒一次面粉。最简单的方法就是在你的工作台上始终要有一块撒有面粉的区域，将面团放到上面，再将面团翻过来使另一面也蘸上面粉。

接下来，仍使面团竖直悬垂，双手握拳，放在面团边缘内侧。轻轻地拉伸、转

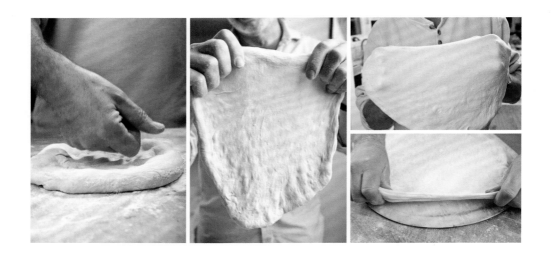

动面团，让面团的下部仍旧下坠，使面团表面积不断扩大。要时刻注意面团的厚度。虽然你想要薄一些的面饼，但你并不希望它裂开吧。如果面团有一点点小裂口，不要惊慌——因为还可以弥补。

将面团平摊在撒有少量面粉的比萨板上，用手沿着面团的边缘将其整为圆形，按平凸起的地方。在给面饼放上馅料之前，要先晃动一下比萨板，确认面饼没有粘在比萨板上，能够滑下来。

整形完毕之后，在面饼上面抹一层酱料，不要抹得太厚，用一把小长柄勺或者一把大汤匙的背面将酱料抹开。在面饼顶部撒上馅料，馅料的量要适中，不要超过面饼所能承受的重量。在将比萨放入到烤箱中烘焙之前，要做另一项测试以确保它能从比萨板上滑下来——快速地晃动一下比萨板。如果面饼的任何部分粘在了比萨板上，可以来回多晃动几次比萨板。如果这样做也没有效果，你就要将面饼轻轻地掀起来，再在下面撒一些面粉。是的，这样做非常难，所以最好能提前发现问题并进行处理。在你前两次尝试的时候，一定要多准备一个球形面团。先往第一个面饼上放最少量的馅料，将其看作一个试验品，这样你就能找到使用比萨板的感觉，知道如何将比萨转移到比萨石上，再观察比萨放入烤箱之后会发生什么。

烘焙

在比萨石充分预热之后，将比萨板放到比萨石上方，快速地抖动腕部抽回比萨板，使装好馅料的比萨滑到比萨石上面。当你进行过无数次这样的操作之后，你就会熟练掌握这种做法，就能更自信地一次完成。放轻松，你一定能做好。

理想的烘焙包括完全熔化、有浅棕色小点的马苏里拉奶酪，颜色较深的膨松边缘以及底部金色和棕色交融、有一些小黑点的面饼（把比萨的一边掀起来，瞧一瞧）。在 274℃时，以上过程总共需要 7 ~ 8 分钟，包括之前 2 ~ 3 分钟的炙烤，但是一定要时刻注意观察。在 316℃时，以上过程总共需要 4 ~ 5 分钟，并且你不需要用加热管烤比萨的顶部。每一个烤箱都是不同的，你只要知道加热管是烘焙比萨的一种选择就可以了。在我的比萨店里，我们用温度为 371 ~ 399℃的燃木烤炉烘焙比萨 $2^{1}/_{2}$ ~ 3 分钟。用你的眼、鼻子和良好的判断力来评判这一切。

烘焙温度对比萨来说具有特别的作用。在用 274℃的温度烘焙较长时间时，你会得到更脆的面饼，而且比萨也不那么湿润。温度越高，烘焙的时间就越短，比萨就会越软、越湿润。在用 371℃的温度烘焙时，烘焙出来的比萨会和真正的那不勒斯比萨非常相似，后者是在温度为（基本上）482℃的烤炉中烘焙约 90 秒而成的，而且这种比萨的湿度比较大。这最终都是口感问题，用你现有的配置制作出口感最好的比萨就可以。

用夹子或者叉子将比萨从比萨石上取下，放到盘子里，然后使比萨滑到木制案

比萨烘焙小结
——将比萨石放入烤箱中，烤箱调至 274℃，预热 30 分钟。
——准备好组装比萨的工作台。
——整形并添加馅料。
——将烤箱调至炙烤模式，烤 5 分钟。
——将烤箱调回烘焙模式，温度为 274℃。
——将比萨放入烤箱中烘焙 5 分钟。
——将烤箱调至炙烤模式，烤 2 ~ 3 分钟，时刻观察比萨，直到烘焙完成。
——用夹子将比萨从比萨石上取下，放到盘子里。
——享用比萨吧！

板上，这样你就可以切比萨了。在这一步之前，我喜欢在比萨顶部淋一点儿优质特级初榨橄榄油（如果是新鲜压榨的话可以多淋一些）。在切比萨的时候享受它的香味吧。在食用比萨时，将橄榄油、红辣椒碎、海盐放在桌子上作为调味品。一些传统的意大利人喜欢将比萨不切块直接食用。那样也不错，但是我更喜欢将新鲜出炉的比萨切块放到陶瓷盘子里，我喜欢用手拿着吃。

铸铁煎锅比萨

如果你没有比萨石，你也可以用铸铁煎锅烘焙比萨。用比萨石烘焙时，你要给面团整形，刷上酱料，添加馅料，将比萨放到预热过的比萨石上，而用铸铁煎锅烘焙比萨要比用比萨石烘焙简单得多。本书中的任何比萨面团配方都可以用来制作铸铁煎锅比萨。340 克或者 350 克的球形面团可以用来制作厚面饼，200 克的球形面团可以用来制作薄面饼。如果你喜欢多加酱料或馅料，那么你就需要厚面饼；如果你想做芝加哥深盘比萨，那么你就要使用比较厚实的酱料。（你可以使用铸铁煎锅制作基本款佛卡夏——无论薄厚——只要简单地在面团上添加馅料就可以了，比如只用橄榄油和调味品，这种新鲜出炉的佛卡夏用作晚餐面包非常不错。）

成功制作这种比萨最关键的因素就是面团必须已经完全松弛，而且弹性非常小。如果你在早晨准备当天晚上烘焙的同日直接比萨面团（第 224 页），在整形时要确保球形面团不会过于紧实，并且面团在制成面饼前至少要静置 1 小时。同时还要注意，凉面团要比室温面团更容易整形。

在你要烘焙比萨前的 20 分钟，先在烤箱中下层放一个烤架，然后将烤箱预热至

274℃。如果你的烤箱的温度只能达到260℃，那也没有关系，只不过烘焙的时间要长一些。准备给面团整形时，将球形面团从冰箱中取出，捏住边缘，将面团拉伸成直径9英寸的圆饼，然后放到一口室温下、干燥的9英寸的铸铁煎锅中。

由于铸铁煎锅并没有经过预热，用这种方式烘焙比萨比用比萨石烘焙需要更长的时间，通常烘焙时间为15～20分钟。用铸铁煎锅烘焙出的比萨的组织也会不同——面饼会很硬，而且中间也不塌陷。

比萨和佛卡夏有什么不同？

我敢说，这个问题的答案一定像纽约的比萨店一样多。一些人的关注点在面团的厚度上，还有一些人的关注点在是否在铸铁煎锅里烘焙，还有一些人的关注点在馅料中是否用到了奶酪。意大利的经典利古里亚佛卡夏餐厅制作的佛卡夏的面饼约6毫米厚，并且是用番茄酱和奶酪作为馅料的。对我来说，我觉得它无论是看起来还是吃起来，都像是比萨。虽然一些人认为佛卡夏应该非常厚，但是比萨的面饼也可以非常厚；制作比萨也可以不用奶酪；至少在美国，你可以看到许多用铸铁煎锅烘焙的比萨。

在本书中，佛卡夏要么是在铸铁煎锅中烘焙的，要么是在烤盘中烘焙的，而比萨却是直接在比萨石（首选）上烘焙的。在本书中也有用铸铁煎锅烘焙比萨的配方。如果配方中有奶酪的话，那么我做的就是“比萨”了，即便它是在铸铁煎锅中烘焙的。在实际操作中，用铸铁煎锅烘焙比萨要比用比萨石烘焙简单得多。将面团平铺在铸铁煎锅或者烤盘中，在上面添加馅料，再放入烤箱中，这一切看起来都要比用比萨石烘焙的吓人程度小多了：抛面团，将面饼放到比萨板上，再让比萨轻松地滑到烤箱中的比萨石上。

至于佛卡夏的厚度问题，这个就由你自己决定了。如果你将一个200克的面团放入直径为9英寸的平底锅中，这样做出的佛卡夏的面饼就会非常薄；如果你往同样的平底锅中放入一个350克的面团，那么佛卡夏的面饼就会比较厚。佛卡夏上能放的馅料种类非常多，你能想象到的都可以。佛卡夏的适用性非常强，它可以与沙拉一起食用，也可以作为正餐，还可以切成小块当作零食。我非常喜欢它极其简单的制作方法。准备好面团后，你要撒面粉的地方只有烤盘、刀和工作台。你可以在佛卡夏从烤箱中取出来还热的时候就食用。如果不加奶酪，你也可以提前烘焙。再次加热提前烘焙好的奶酪可能会产生更好的效果，这样佛卡夏就能隆起一个圆顶。但是，奶酪熔化的乐趣会在第二次烘焙的时候消失。

对我而言，比萨和佛卡夏之间区别的决定性因素在于面团组织的不同。我想使比萨面团具有一种特殊的物理特性：在我抛面团的过程中，面团的结构能使面团旋转成圆形，而且在整形的时候，这种结构有足够的强度可以保证面团不被撕裂。但是对于佛卡夏面团，我只是按比萨面团的操作方法将其预整形为球形，再平铺在铸铁煎锅中就可以了。这就开启了使用任何面团制作佛卡夏的大门——即便使用的是全麦面粉或者黑麦面粉。佛卡夏无论是蘸鹰嘴豆泥食用还是搭配好吃的猪肉冻食用都非常棒，还会有杏子和开心果的味道，这是格雷格·希金斯（希金斯餐吧的老板）告诉我的。

用面包面团制作佛卡夏

事实上，本书中面包配方中的任何面团都可以用来制作佛卡夏，这真是非常棒，我在配方中总是使用 1000 克面粉，而且还把面团分成两个。如果你喜欢的话，你可以将其中一个面团烘焙成面包，然后将另一个面团分成两三份来制作佛卡夏。你可以按照面包配方中给面团整形的方法将这些面团整成球形。下面是制作佛卡夏球形面团的几个关键点，这也取决于你将如何烘焙。

· 要想制作薄底佛卡夏，就使用 200 克的面团在直径 9 英寸的铸铁煎锅里烘焙。

· 要想制作厚底佛卡夏，就要使用 350 克的面团（比萨球形面团的标准大小）在直径 9 英寸的铸铁煎锅里烘焙。

· 如果要使用烤盘烘焙，最多可以使用 875 克面团，它是一个配方中面包面团用量的一半，你也可以使用适合你的铸铁煎锅大小的任何重量的面团，要时刻谨记厚度会因为面团重量和铸铁煎锅的大小而不同。

说到制作方法，你可以大体上按照热那亚佛卡夏（第 258 页）或者节瓜佛卡夏（第 263 页）中介绍的方法来制作，但是下面也会简单介绍佛卡夏的制作过程。

1. 在将面团整为球形之后，使其在室温下或冰箱里松弛一段时间，至少一个小时后醒发。你也可以将整形完毕的球形面团放入冰箱中冷藏，最多可保存两天。

2. 在球形面团外面裹一层面粉，将面团两面按平。

3. 将烤箱调至最高温度预热。

4. 将面团拉伸成你想要的形状和大小：如果用铸铁煎锅烘焙，就做成圆形；如果用烤盘烤焙，就做成椭圆形或者长方形。

5. 在面饼上放上馅料，这取决于你的面饼、你手边有什么东西或者你喜欢的东西。

6. 烘焙至佛卡夏顶部和底部都呈金棕色，并且内部也完全烤熟。

7. 如果你喜欢的话，也可以在顶部淋一些特级初榨橄榄油，并配上其他调味品，如小粒海盐。

8. 不用等——你可以直接将佛卡夏切条食用。然而，要注意绝大多数佛卡夏在室温下食用口感最佳，所以如果你要招待客人的话，可以提前 1 小时烘焙。

第十三章
比萨面团

同日直接比萨面团

  如果你想在早晨制作面团，晚上烘焙比萨，那么这个配方将是你最理想的选择。将球形面团在冰箱中冷藏一整夜，第二天再制作比萨就更好了。我经常用这个配方做面团，然后接连两天制作比萨，你可以第一天烘焙比萨，第二天烘焙佛卡夏。可以将佛卡夏与正餐一起食用，也可以将它作为晚餐前的零食。

  请注意，按这个配方制作的面团中并不包含橄榄油，虽然比萨面团中经常会用到橄榄油。因此，这种面团做的面饼会更脆一些，也会有更多的孔洞，而这些都是我喜欢的。我认为在比萨烘焙好之后往面饼上淋橄榄油是非常不错的做法。面饼的香味由面粉决定，所以你最好使用高品质的面粉，软质 00 号面粉（第 207 页）是个不错的选择，卡普托面粉也可以，如果你能弄到的话。如果你没有 00 号面粉，你也可以用你能买到的质量最好的中筋白面粉来代替。面饼最终的口感会非常细腻，带有甜甜的小麦香，如果再与高品质的番茄酱和馅料混合就更理想了。

这个配方可以制作 5 个 340 克的球形面团：每一个球形面团都能制作一个直径 12 英寸的薄底比萨石比萨。如果你要用这种面团制作佛卡夏，可参见本书第 220 页 "用面包面团制作佛卡夏"的详细介绍。

发酵时间：约 6 小时

醒发时间：至少 1$^1/_2$ 小时。

时间安排：上午 10 点和好面团，下午 4 点将面团整为球形，在下午 6 点之后或者在接下来两天中的任何时间都可以制作比萨。

原料	用量		烘焙百分比
白面粉	1000 克	7$^3/_4$ 量杯	100%
水	700 克，32 ~ 35℃	3 量杯	70%
细海盐	20 克	1 大勺 +3/4 小勺	2%
快速酵母粉	2 克	1/2 小勺	0.2%

  1a. 化开酵母 量取 700 克温度为 32 ~ 35℃的水，倒入一个容器中，将 2 克（1/2 小勺）酵母粉放入另外一个小容器中，从温度为 32 ~ 35℃的水中舀 3 大勺倒入盛有酵母粉的容器中。

  1b. 浸泡 将 1000 克面粉与剩余的水放入 12 夸脱的圆形面盆中，用手混合均匀。盖好，静置 20 ~ 30 分钟。

2.和面 将20克盐均匀地撒到面团顶部。用手指搅拌酵母溶液,然后将它倒在面团上。用少量经过浸泡的混合物将残留在容器里的酵母溶液抹干净,再将混合物放回面盆。

用手和面,在和面前将手打湿,这样面团就不会粘手了。(在和面过程中,最好将手在水里蘸 3 ~ 4 次。)

将手伸到面团的底部,抓住 1/4 的面团,轻轻地拉伸,再折到面团的顶部。按照这一方法重复操作 3 次以上,直到盐被完全地包裹住。

交替用钳式和面法和折叠和面法使所有原料混合均匀。夹断、折回,夹断、折回。和好的面团的温度应为 25 ~ 26℃。

3.折叠 和好的面团需折叠(第 73 ~ 74 页)一次。最好在面团和好之后的 30 ~ 60 分钟进行折叠。在折叠完成之后,在面团顶部和面盆底部淋一点儿橄榄油,以防面团粘在面盆上。

面团和好 6 小时后,当面团的体积变为原来的 2 倍时,就可以进行分割了。

4.分割 在工作台上 60 厘米见方的区域内撒适量面粉。用蘸过面粉的手轻轻地取出面团,将面团放到工作台上。用蘸过面粉的双手再次拿起面团,轻轻放回工作台上,使面团的形状更规整。在面团顶部撒上面粉,然后用面团刀或者塑料面团刮板将面团切成大小相同的 5 个,每一个面团的重量都约为 340 克;你可以直接用眼观察或者用秤称量。(如果你想制作薄底平底锅比萨或者佛卡夏,每个面团的重量应该在 200 克左右。)

5.整形 将每一个面团都按照第 75 ~ 77 页介绍的方法整为紧实度中等的球形面团。操作时动作要轻柔,小心面团中的气体逸出。

6.冷藏 将球形面团放到撒有少量面粉的烤盘上,在面团之间留出供它们膨胀的空间。在面团顶部抹上少量油或者撒上少量面粉,用保鲜膜包好,在室温下静置 30 ~ 60 分钟。将面团冷藏至少 30 分钟,这样更容易整形。

参见第十四章中关于整形、馅料和烘焙比萨的介绍。将剩余的面团包裹好放到冰箱里,可以保存两天。你可能更喜欢冷藏了一天的面团,因为放在冰箱中冷藏一段时间后面团会有更好的味道。

整夜发酵直接比萨面团

这个面团配方有两个优点：第一，长时间的发酵能使面团产生更好的味道。第二，它的时间安排适合那些上班族。它的时间安排是这样的：早晨 7 点和好面团，第二天早晨用 15 分钟分割面团，将它们整为球形，包裹好放入冰箱中。你可以当天晚上或接下来两天内的任何时间使用面团制作比萨或者佛卡夏，按照第十四章中的任何配方都可以。当你下班回家，你所要做的就是在预热烤箱和比萨石的时候，制作酱料并准备馅料。与本书中所有的比萨面团一样，这种面团要使用高品质的中筋白面粉，最好使用 00 号面粉（第 207 页），最理想的是卡普托牌。

这个配方可以制作 5 个 340 克的球形面团：每一个球形面团都能制作一个直径 12 英寸的薄底比萨石比萨或一个厚底铸铁煎锅比萨。如果你要用这种面团来制作佛卡夏，可参见本书第 220 页"用面包面团制作佛卡夏"的详细介绍。

发酵时间：约 12 小时
醒发时间：至少 6 小时
时间安排：下午 7 点和好面团，第二天早晨 7 点将面团整为球形，在傍晚或者在接下来两天内的任何时间制作比萨。

原料	用量		烘焙百分比
白面粉	1000 克	$7\frac{3}{4}$ 量杯	100%
水	700 克，32 ~ 35℃	3 量杯	70%
细海盐	20 克	1 大勺 +3/4 小勺	2%
快速酵母粉	0.8 克	接近 1/4 小勺	0.08%

1a. 化开酵母　量取 700 克温度为 32 ~ 35℃的水，倒入一个容器中，将 0.8 克（接近 1/4 小勺）酵母粉放入另外一个小容器中，从温度为 32℃ ~ 35℃的水中舀 3 大勺倒入盛有酵母粉的容器中。

1b. 浸泡　将 1000 克面粉与剩余的水放入 12 夸脱的圆形面盆中混合均匀。盖好，静置 20 ~ 30 分钟。

2. 和面　将 20 克盐均匀地撒到面团顶部。用手指搅拌酵母溶液，然后将它倒在面团上。用少量经过浸泡的混合物将残留在容器里的酵母溶液抹干净，再将混合物放回面盆。

用手和面，在和面前将手打湿，这样面团就不会粘手了。（在和面过程中，最好将手在水里蘸 3 ~ 4 次。）

将手伸到面团的底部，抓住 1/4 的面团，轻轻地拉伸，再折到面团的顶部。按照这一方法重复操作 3 次以上，直到盐被完全地包裹住。

交替用钳式和面法和折叠和面法使所有原料混合均匀。夹断、折回，夹断、折回。和好的面团的温度应为 25 ～ 26℃。

3.**折叠**　和好的面团需折叠（第 73 ～ 75 页）1 ～ 2 次。最好在面团和好之后的 30 ～ 60 分钟进行折叠。在折叠完成之后，在面团顶部和面盆底部淋一点儿橄榄油，以防面团粘在面盆上。

面团和好 12 小时后，当面团的体积变为原来的 2 ～ 3 倍时，就可以进行分割了。

4.**分割**　在工作台上 60 厘米见方的区域内撒适量面粉。用蘸过面粉的手轻轻地取出面团，将面团放到工作台上。用蘸过面粉的双手再次拿起面团，轻轻放回工作台上，使面团的形状更规整。在面团顶部撒上面粉，然后用面团刀或者塑料面团刮板将面团切成大小相同的 5 个，每一个面团的重量都约为 340 克；你可以直接用眼观察或者用秤称量。（如果你想制作薄底平底锅比萨或者佛卡夏，每个面团的重量应该在 200 克左右。）

5.**整形**　将每一个面团都按照第 75 ～ 77 页介绍的方法整为紧实度中等的球形面团。操作时动作要轻柔，小心面团中的气体逸出。

6.**冷藏**　将球形面团放到撒有少量面粉的烤盘上，在面团之间留出供它们膨胀的空间。在面团顶部抹上少量油或者撒上少量面粉，用保鲜膜包好，将面团冷藏至少 6 小时。

参见第十四章中关于整形、馅料和烘焙比萨的介绍。将剩余的面团包裹好放到冰箱里，可以保存两天。你可能更喜欢冷藏了一天的面团，因为放在冰箱中冷藏一段时间后面团会有更好的味道。

整夜发酵天然酵种比萨面团

如果你已经培养了一份天然酵种，当你用它来制作面包时，你可以留下足够的天然酵种来制作比萨面团。这个纯天然酵种面团配方不需要添加商业酵母，它的时间安排非常灵活。这种面团制作出的比萨面饼的边缘非常松软，并因为加入了天然酵种口感会更酸一点儿，味道更复杂一些。我的意思并不是说它不好，它是一种非常不错的面团。与本书中其他所有的比萨面团一样，要使用高品质的中筋白面粉，最好是 00 号面粉（第 207 页），最好的是卡普托牌。

这个配方可以制作 5 个 340 克的球形面团：每一个球形面团都能制作一个直径 12 英寸的薄底比萨石比萨或一个厚底铸铁煎锅比萨。如果你要用这种面团来制作佛卡夏，可参见本书第 220 页"用面包面团制作佛卡夏"的详细介绍。

发酵时间：12 ~ 14 小时

醒发时间：至少 6 小时

时间安排：早晨喂养天然酵种，晚上 7 点和面，第二天早晨 7 点将面团整为球形，在下午 1 点之后或者接下来两天中的任何时间制作比萨。

天然酵种

原料	用量	
成熟的、活性天然酵种	50 克	接近 1/4 量杯
白面粉	200 克	$1\frac{1}{2}$ 量杯 +1 大勺
全麦面粉	50 克	1/3 量杯 +1 大勺
水	200 克，29 ~ 32℃	7/8 量杯

最终面团 / 烘焙师的百分比配方

原料	最终面团的用量		天然酵种中的用量	配方中总的用量	烘焙百分比
白面粉	900 克	$6\frac{3}{4}$ 量杯	80 克	980 克	98%
全麦面粉	0	0	20 克	20 克	2%
水	620 克，32 ~ 35℃	$2\frac{3}{4}$ 量杯	80 克	700 克	70%
细海盐	20 克	1 大勺 +3/4 小勺	0	20 克	2%
天然酵种	180 克 *	1/2 量杯 +2 大勺			10%**

* 在冬天，你可能要使用多一点儿的天然酵种，可增加至 220 克左右。
** 天然酵种的烘焙百分比指的是最终面团所用的天然酵种中的面粉占整个配方中面粉的百分比。

1a. 喂养天然酵种   大约在最后一次喂养天然酵种的 24 小时后，留下 50 克天然酵种，将其余的都扔掉。将留下的天然酵种放到 6 夸脱的面盆中，加入 200 克白面粉、50 克全麦面粉以及 200 克温度为 29 ~ 32℃的水，用手搅拌至原料混合均匀。盖好，在室温下静置 8 ~ 10 小时，再开始制作最终面团。

1b. 浸泡   8 ~ 10 小时后，将 900 克白面粉和 620 克温度为 32 ~ 35℃的水放入 12 夸脱的圆形面盆中，用手搅拌至原料混合均匀。盖好，静置 20 ~ 30 分钟。

2. 制作最终面团   将 20 克盐均匀地撒在面团顶部。

在容器中装入约一指深的温水，这样天然酵种在称重后，就可以方便地取出了。用湿手将 180 克天然酵种转移到容器里（如果你的厨房温度比较低，可以多转移一些天然酵种，具体请参照第 138 页"季节性的变化"）。

将称量好的天然酵种放到 12 夸脱的面盆中，在转移的过程中，尽量减少天然酵种带出的水分。用手和面，在和面前将手打湿，这样面团就不会粘手了。通过从底部拉伸面团和折叠面团，将盐和天然酵种完全包裹到面团中。交替用钳式和面法和折叠和面法使所有原料混合均匀。和好的面团的温度应为 25 ~ 26℃。

3. 折叠   和好的面团需折叠（第 73 ~ 74 页）1 ~ 2 次。在面团和好之后的 30 ~ 60 分钟进行折叠最容易。在折叠完成之后，在面团顶部和面盆底部稍淋一点儿橄榄油，以防面团粘在面盆上。

面团和好 12 ~ 14 小时后，当面团的体积达到原来的 2 ~ 2½ 倍时，就可以进行分割了。

4. 分割   在工作台上 60 厘米见方的区域内撒适量面粉。用蘸过面粉的手轻轻地取出面团，将面团放到工作台上。用蘸过面粉的双手再次拿起面团，轻轻放回工作台上，使面团的形状更规整。在面团顶部撒上面粉，然后用面团刀或者塑料面团刮板将面团切成大小相同的 5 个，每一个面团的重量都约为 340 克；你可以直接用眼观察或者用秤称量。（如果你想制作薄底平底锅比萨或者佛卡夏，每个面团的重量应该在 200 克左右。）

5. 整形   将每一个面团都按照第 75 ~ 77 页介绍的方法整为紧实度中等的球形面团。操作时动作要轻柔，小心面团中的气体逸出。

如果你想同一天制作天然酵种面包面团和这种比萨面团，你需要将喂养的天然酵种的量翻倍，这样就有足够的天然酵种来制作这两种面团了。

6.冷藏　将球形面团放到撒有少量面粉的烤盘上，在面团之间留出供它们膨胀的空间。在面团顶部抹上少量油或者撒上少量面粉，用保鲜膜包好，在冰箱中静置至少6小时。（如果你想早些制作比萨，可以让球形面团在室温下静置1小时，然后冷藏至少30分钟，再整形）。

　　参见第十四章中关于整形、馅料和烘焙比萨的介绍。将剩余的面团包裹好放到冰箱里，可以保存两天。你可能更喜欢冷藏了一天的面团，因为放在冰箱中冷藏一段时间后面团会有更好的味道。

整夜发酵波兰酵头比萨面团

这样的面团有两大优点：波兰酵头发酵产生的特殊味道；做出的面饼松脆、边缘膨松细腻，并具有轻盈的组织和开放的孔洞。整个面团都会跟着波兰酵头膨胀，因为酵头的面粉用量占面粉总量的 50%。

这种面团要比本书中其他比萨面团配方的水化度更高，水的重量占面粉重量的75%。这样制作出的面团会比较柔软，需要折叠 2 次，最好是在发酵的第一个小时内折叠，这样能使面团具有更大的张力和更强的韧性。用这种软面团制作面饼时，你要格外小心。虽然我已经学会抛接和旋转比萨面饼，但是这种面团更容易弄坏或者撕裂，所以我推荐的方法是握紧拳头整形（不要抛），参见本书第 215 页的描述。

因为这种面团并不是很结实，所以不要在比萨上添加过多的酱料或馅料。当你将比萨放到烤箱时，它最容易破裂，这并不有趣。还有一种选择是使这种面团的水化度接近70%。要实现这一点，只需在制作最终面团时将水的用量减少 40 ~ 50 克。

你可以把这个配方看作一个高阶配方，它是你建立起制作本书中其他比萨面团自信心的一次尝试。用这种面团制作的比萨无论在味道上还是组织上都是值得付出努力的。这也是面团如何在只使用波兰酵头而不添加任何酵母的情况下发酵的极好例子。只用了0.4 克酵母——接近 1/8 小勺——就能使制作 5 个比萨的面团膨胀，我非常喜欢这样。

这个配方可以制作 5 个 340 克的球形面团：每一个球形面团都能制作一个直径 12 英寸的薄底比萨石比萨或一个厚底铸铁煎锅比萨。如果你要用这种面团来制作佛卡夏，可参见本书第 220页"用面包面团制作佛卡夏"的详细介绍。

波兰酵头发酵时间：12 ~ 14 小时

面团发酵时间：约 6 小时

醒发时间：至少 1½ 小时。

时间安排：早晨 8 点制作波兰酵头，10 点制作最终面团，下午 4 点将面团整为球形，晚上制作比萨。

波兰酵头

原料	用量	
白面粉	500 克	3³/₄ 量杯 +2 大勺
水	500 克，27℃	2¹/₄ 量杯
快速酵母粉	0.4 克	接近 1/8 小勺

最终面团			烘焙师的百分比配方		
原料	最终面团的用量		波兰酵头的用量	配方中总的用量	烘焙百分比
白面粉	500 克	$3^3/_4$ 量杯 +2 大勺	500 克	1000 克	100%
水	250 克，41℃	$1^1/_8$ 量杯	500 克	750 克	75%
细海盐	20 克	1 大勺 +3/4 小勺	0	20 克	2%
快速酵母粉	0	0	0.4 克	0.4 克	0.04%
波兰酵头	1000 克	全部			50% *

* 波兰酵头的烘焙百分比指的是用于制作波兰酵头的面粉占整个配方中面粉的百分比。

1. **制作波兰酵头** 在你准备烘焙的前一晚，将 500 克面粉和 0.4 克（接近 1/8 小勺）酵母粉放入 6 夸脱的面盆中，用手混合均匀。加入 500 克温度为 27℃的水，用手搅拌以上原料混合均匀。将面盆盖好，在室温下静置一整夜。接下来的时间安排都是假设室温为 18 ~ 21℃。

12 ~ 14 小时后，波兰酵头就会完全成熟，并且体积会变为原来的 3 倍（在我的 6 夸脱的金宝面盆中，面团会接近 2 夸脱刻度线），每隔几秒钟表面就会冒出气泡。波兰酵头能保持这种成熟的巅峰状态约 2 小时，除非室温比上面介绍的更高——也就是说 24℃以上——在这种情况下，波兰酵头成熟的巅峰状态只能保持约 1 小时。酵头成熟时你就可以制作最终面团了。

2. **制作最终面团** 将 500 克面粉放入 12 夸脱的圆形面盆中，加入 20 克盐，用手混合均匀。

沿着盛放波兰酵头的面盆边缘转圈倒入 250 克温度为 41℃的水，使其在面盆底部松动，再将水和波兰酵头倒入放有面粉的 12 夸脱面盆中。

用手和面，在和面之前要将手打湿，这样面团就不会粘手了。（在和面过程中，最好将手在水里蘸 3 ~ 4 次。）交替使用钳式和面法和折叠和面法使所有原料混合均匀。最终面团的温度应为 24℃。

3. **折叠** 和好的面团需折叠（第 73 ~ 74 页）2 次。在面团和好之后的 1 小时内进行折叠。在折叠完成之后，在面团顶部和面盆底部稍淋一点儿橄榄油，以防面团粘在面盆上。

面团和好 6 小时后，当面团的体积变为原来的 $2^1/_2$ 倍时，就可以进行分割了。

4. **分割** 在工作台上 60 厘米见方的区域内撒适量面粉。用蘸过面粉的手轻轻地取出面团，将面团放到工作台上。用蘸过面粉的双手再次拿起面团，轻轻放回工作台上，使面团的形状更规整。在面团顶部撒上面粉，然后用面团刀或者塑料面团刮板将面团切成大小相同的 5 个，每一个面团的重量都约为 340 克；你可以直接用眼观察或用秤称量。（如果你想制作薄底平底锅比萨或者佛卡夏，每个面团的重量应该在 200 克左右。）

5. **整形**　将每一个面团都按照第 75 ～ 77 页介绍的方法整为紧实度中等的球形面团。操作时动作要轻柔，小心面团中的气体逸出。

6. **冷藏**　将球形面团放到撒有少量面粉的烤盘上，在面团之间留出供它们膨胀的空间。在面团顶部抹上少量油或者撒上少量面粉，用保鲜膜包好，在室温下静置 30 ～ 60 分钟。将面团至少冷藏 30 分钟，这样更容易整形。

参见第十四章中关于整形、馅料和烘焙比萨的介绍。将剩余的面团包裹好放到冰箱里，可以保存两天。你可能更喜欢冷藏了一天的面团，因为放在冰箱中冷藏一段时间后面团会有更好的味道。

第十四章
比萨和佛卡夏

光滑的红酱

这是一款放有干牛至的光滑番茄酱，有时还会加入大蒜和红辣椒碎。要使用你能找到的质量最好的干牛至，如果你能找到卡拉布里亚干牛至的话，那就更好了。虽然加入红辣椒碎并不是传统那不勒斯比萨酱料的做法，但是我却喜欢它的味道。如果你不能找到圣马尔札诺番茄，也可以使用质量最好的李子番茄。

足够 5 个直径 12 英寸的比萨使用的酱料
1 罐（约 800 克）整个的圣马尔札诺番茄
$1^1/_2$ 大勺特级初榨橄榄油
1 头大蒜（可选）
1/2 小勺细海盐
1/4 小勺干牛至
1/4 小勺红辣椒碎（可选）

1. 将滤锅架在一个大碗上，放入番茄静置 10 ~ 15 分钟，沥干。滤出的番茄汁留作他用。

2. 将橄榄油、大蒜、盐、干牛至和红辣椒碎放入料理机中，加入番茄，搅拌至混合物光滑细腻。

厚实的红酱

有时我想要更浓一点儿的酱料，有时我喜欢酱料具有更纯正的番茄味，这个配方能满足以上两种要求。再一次声明，使用圣马尔札诺番茄是最理想的，但如果你不能找到圣马尔札诺番茄，也可以使用质量最好的李子番茄。

足够 2 ~ 3 个直径 12 英寸的比萨使用的酱料
1 罐（约 800 克）整个的圣马尔札诺番茄
$1^1/_2$ 大勺特级初榨橄榄油
海盐

1. 将滤锅架在一个大碗上，放入番茄静置 10 ~ 15 分钟，沥干。

2. 将滤锅倾斜，用木勺来回挤压番茄约 30 秒，将果肉捣成泥，滤出绝大多数的汁液。将番茄泥倒入碗中（番茄汁留作他用），拌入橄榄油和海盐等调味品提味。

烤番茄

有时你可以将番茄提前烘烤一下。未经烘烤的番茄会有鲜美的味道。为了更悠长、更浓缩、更复合的味道，你可以按照下面的操作步骤加入调味品慢慢烘烤番茄。

1 罐（约 800 克）整个的圣马尔札诺番茄
特级初榨橄榄油（可选）
海盐（可选）
百里香（可选）

1. 烘烤番茄前将烤箱预热至 165℃。

2. 将滤锅架在一个大碗上，放入番茄静置 10 ~ 15 分钟，沥干。滤出的番茄汁留作他用。

3. 拿一个番茄，用手掰成三四瓣。将掰开的番茄放到盘子上沥干，汁液收集起来留作他用。

4. 将掰开的番茄平铺在浅烤盘中。在番茄顶部淋一层橄榄油，撒上海盐，加一些百里香，烘焙 20 ~ 30 分钟。

玛格丽特比萨

这是一款经典标准的那不勒斯比萨。它有着薄薄的面饼和膨松的边缘，使用的是圣马尔札诺番茄制作的酱料、马苏里拉奶酪和罗勒。上面的红、白、绿三色代表着意大利国旗的颜色。

我更喜欢牛奶花马苏里拉奶酪（指的是用奶牛的奶而非水牛的奶制作的马苏里拉奶酪）。知名品牌的马苏里拉奶酪的质量都非常好，并且它们被做成各种大小不一的球形，其中110克的奶酪球用来制作这种比萨刚好合适。无论你选择什么品牌的奶酪，一定要寻找那种用盐水浸泡的新鲜马苏里拉奶酪。

玛格丽特比萨制作起来虽然简单，但对它的定义可能会在晚上引发数小时的、充斥着基安蒂红葡萄酒味的激烈争论，参与者甚至可能会挥动手臂。奶酪只是熔化就可以吗，还是要烤至表面呈棕色？罗勒叶是整片放还是切碎？扁平的边缘还是膨松的边缘？比萨的底部是否要有烤焦的斑点？边缘是变成浅棕色，还是要有一些烤焦的部分？最后需不需要淋橄榄油？这一切你都可以自己做主。我提供给你基础配方，你可以在这个基础上按照自己的方式烘焙。

制作一个直径 12 英寸的比萨
350 克面团（第十三章中任何一个配方制作的球形面团）
白面粉用作铺面
85 克光滑的红酱（第 236 页）
110 克新鲜的全脂马苏里拉奶酪，将其切成厚度不超过 1 厘米的薄片
6 ~ 8 片整片的罗勒叶
特级初榨橄榄油，用于淋在比萨上（可选）
细海盐，如盐之花（可选）
红辣椒碎（可选）

1. **预热比萨石** 将比萨石放在烤架上，放到烤箱的上层，这样比萨石就会在加热管下面约 20 厘米的位置。烤箱预热至 316℃（如果你足够幸运，有一个可以调至这个温度的烤箱）。如果你的烤箱温度达不到，你可以简单地将烤箱调至最高温度进行预热。当烤箱预热完成之后，继续加热比萨石 30 分钟，总共需要约 45 分钟。

2. **准备好组装比萨的区域** 在工作台上留一块约 60 厘米见方的区域，在上面多撒一些面粉。将比萨板放到撒有面粉的区域旁边，也撒上面粉。将酱料、奶酪和罗勒叶准备好，放在手边，在酱料里放一把长柄勺或者大勺子。

3. **制作面饼**　从冰箱中取出球形面团，放到撒有面粉的工作台上，轻轻拍打使其底部蘸上面粉。将面团的中间部分向下按，留出约 2.5 厘米的边缘不按，然后将面团翻过来重复这一操作。

双手抓住面团的边缘将其提起来，这样面团就能竖直悬垂在半空中。让面团在重力的作用下向下伸展。沿着面团的边缘多转动几圈。

接下来，仍使面团竖直悬垂，双手握拳，紧贴面团边缘内侧。轻轻地重复拉伸、转动面团，仍使面团下部下坠，使面团的表面积不断扩大。时刻注意观察面团的厚度。虽然你希望它变薄，但你并不希望它撕裂吧？如果面团不小心被撕裂了，不要慌张——因为这是可以修补的。

将面团平铺在撒有面粉的比萨板上，用手沿面团的外缘将面团整为圆形，将凸起的地方按平。

4. **充分加热比萨石**　在将烤箱调至最高温度的 30 分钟后，再调至炙烤模式，烤约 5 分钟，使比萨石充分受热。

5. **添加馅料**　将番茄酱刷到面饼上，边缘留 2.5 厘米不刷。用长柄勺的背部将酱料抹开、抹平。将马苏里拉奶酪和罗勒叶均匀地铺在面饼上。

6. **烘焙**　将烤箱调回烘焙模式。使比萨轻轻地滑到比萨石上。

烘焙 5 分钟，然后将烤箱调至炙烤模式，烤 2 分钟，盯着比萨。烘焙至奶酪完全熔化，面饼变成金色，带有棕色和少量黑色的斑点。如果奶酪中有油脂渗出，那么说明已经烘焙过度了。用夹子或者叉子将比萨石上的比萨移到大盘子里。

7. **切块并食用**　将比萨放到一块较大的木案板上。可以根据个人喜好将特级初榨橄榄油淋到比萨顶部，切块后食用即可，在餐桌上摆上盐和红辣椒碎。注意，完全烘焙好的玛格丽特比萨的最佳食用时间相对较短。只要熔化的马苏里拉奶酪不烫嘴时就可以食用了，最好不要等到奶酪变凉凝固时再食用。

衍生版本： 在每块比萨上各放一把芝麻菜。

纽约客比萨

这款比萨代表了我理想中的传统纽约比萨。在添加了干牛至的红酱顶部放上磨碎的干酪，有时也可以用意大利辣香肠放在上面。并不是所有的纽约比萨都用到了奶酪碎，但是我却喜欢将奶酪碎用来制作这款比萨，它的味道要比玛格丽特比萨的更浓郁。

隆巴尔迪比萨店或托托诺比萨店使用的燃煤烤炉烘焙出的这样的比萨要比我们在家用比萨石烘焙出来的比萨大，所以如果在家制作，你将这款比萨切成 4 块制作就可以了。

制作一个直径 12 英寸的比萨

350 克面团（第十三章中任何一个配方制作的球形面团）

白面粉用作铺面

85 克光滑的红酱（第 236 页）

85 克新鲜的全脂马苏里拉奶酪，磨碎

56 克菠萝伏洛干酪，磨碎

4 ～ 6 片整片的罗勒叶（可选）

12 ～ 15 片意大利辣香肠（可选）

红辣椒碎（可选）

1. **预热比萨石**　将比萨石放在烤架上，放到烤箱的上层，这样比萨石就会在加热管下面约 20 厘米的位置。烤箱预热至 316℃（如果你足够幸运，有一个可以调至这个温度的烤箱）。如果你的烤箱温度达不到，你可以简单地将烤箱调至最高温度进行预热。当烤箱预热完成之后，继续加热比萨石 30 分钟，总共需要约 45 分钟。

2. **准备好组装比萨的区域**　在工作台上留一块约 60 厘米见方的区域，在上面多撒一些面粉。将比萨板放到撒有面粉的区域旁边，也撒上面粉。将酱料、奶酪、罗勒叶和意大利辣香肠准备好，放在手边，在酱料里放一把长柄勺或者大勺子。

3. **制作面饼**　从冰箱中取出球形面团，放到撒有面粉的工作台上，轻轻拍打使其底部蘸上面粉。将面团的中间部分向下按，留出约 2.5 厘米的边缘不按，然后将面团翻过来重复这一操作。

双手抓住面团的边缘将其提起来，这样面团就能竖直悬垂在半空中。让面团在重力的作用下向下伸展。沿着面团的边缘多转动几圈。

接下来，仍使面团竖直悬垂，双手握拳，紧贴面团边缘内侧。轻轻地重复拉伸、转动面团，仍使面团下部下坠，使面团的表面积不断扩大。时刻注意观察面团的厚度。虽然你希望它变薄，但你并不希望它撕裂吧？如果面团不小心被撕裂了，不要慌张——因为这是可以修补的。

将面团平铺在撒有面粉的比萨板上，用手沿面团的外缘将面团整为圆形，将凸起的地方按平。

4. 充分加热比萨石　在将烤箱调至最高温度的 30 分钟后，再调至炙烤模式，烤约 5 分钟，使比萨石充分受热。

5. 添加馅料　将番茄酱刷到面饼上，边缘留 2.5 厘米不刷。用长柄勺的背部将酱料抹开、抹平。将奶酪和意大利辣香肠均匀地铺在面饼上。

6. 烘焙　将烤箱调回烘焙模式。使比萨轻轻地滑到比萨石上。

烘焙 5 分钟，然后将烤箱调至炙烤模式，烤 2 分钟，盯着比萨。烘焙至奶酪完全熔化，产生气泡，带有少量黑色的斑点；面饼变成金色，带有棕色和少量黑色的斑点。用夹子或者叉子将比萨石上的比萨移到大盘子里。

7. 切块并食用　将比萨放到一块大的木案板上。可以根据个人喜好将特级初榨橄榄油淋到比萨顶部。切块后食用即可，在餐桌上摆上盐和红辣椒碎。

萨拉米比萨

这是一款腌肉爱好者喜欢的比萨，实质上它就是在玛格丽特比萨中加入了萨拉米。在肯的手工比萨店中，菜单里有两款萨拉米比萨：一款加入了辣味的意大利托斯卡纳香肠，另一款加入了意大利干熏肠，它们都是复古熟食店的产品，这是当地一家专门制作令人称羡的熟食的商店。制作比萨时，我们都会将萨拉米去皮，切成薄片——意大利托斯卡纳香肠要切成 1.5 毫米厚，意大利干熏肠要切成 3 毫米厚。我喜欢将比萨顶部的香肠片烘焙得松脆。你在比萨上放的萨拉米越多，切片就应该越薄。我个人不喜欢在比萨上放过多的肉以至于掩盖了其他原料的味道，只是将肉作为一个点缀。

腌肉还是萨拉米？腌肉指的是一系列腌肉制品，通常是用猪肉（有时也用牛肉）制成，包括火腿、盐腌的整块肉和香肠——装在肠衣里的熟肉末，比如意式肉肠。萨拉米指的是一种特殊的腌肉：通常是用猪肉制成的干腌香肠，可以是新鲜的也可以是风干的。在这个配方里你可以使用你喜欢的任何萨拉米：意大利辣香肠（美国人发明的，通常用牛肉或者牛肉和猪肉制作）、西班牙辣味香肠、干肠、热那亚香肠等。使用任何一种萨拉米时，我都喜欢把它直接放在比萨上烘焙。有时我也会用腌肉制作类似的馅料，比如意大利风干火腿或腌猪颈肉，在这种情况下我喜欢将它们切得像纸一样薄，撒在刚出炉的比萨上食用。

制作一个直径 12 英寸的比萨

350 克面团（第十三章中任何一个配方制作的球形面团）

白面粉用作铺面

85 克光滑的红酱（第 236 页）

110 克新鲜的全脂马苏里拉奶酪，切成厚度小于 1 厘米的片

12 ~ 18 片萨拉米，取决于萨拉米的大小

4 ~ 6 片整片的罗勒叶（可选）

细海盐，如盐之花（可选）

红辣椒碎（可选）

1. **预热比萨石**　将比萨石放在烤架上，放到烤箱的上层，这样比萨石就会在加热管下面约 20 厘米的位置。烤箱预热至 316℃（如果你足够幸运，有一个可以调至这个温度的烤箱）。如果你的烤箱温度达不到，你可以简单地将烤箱调至最高温度进行预热。当烤箱预热完成之后，继续加热比萨石 30 分钟，总共需要约 45 分钟。

2. **准备好组装比萨的区域**　在工作台上留一块约 60 厘米见方的区域，在上面多撒

一些面粉。将比萨板放到撒有面粉的区域旁边，也撒上面粉。将酱料、奶酪、萨拉米和罗勒叶准备好，放在手边，在酱料里放一把长柄勺或者大勺子。

3. **制作面饼**　从冰箱中取出球形面团，放到撒有面粉的工作台上，轻轻拍打使其底部蘸上面粉。将面团的中间部分向下按，留出约2.5厘米的边缘不按，然后将面团翻过来重复这一操作。

双手抓住面团的边缘将其提起来，这样面团就能竖直悬垂在半空中。让面团在重力的作用下向下伸展。沿着面团的边缘多转动几圈。

接下来，仍使面团竖直悬垂，双手握拳，紧贴面团边缘内侧。轻轻地重复拉伸、转动面团，仍使面团下部下坠，使面团的表面积不断扩大。时刻注意观察面团的厚度。虽然你希望它变薄，但你并不希望它撕裂吧？如果面团不小心被撕裂了，不要慌张——因为这是可以修补的。

将面团平铺在撒有面粉的比萨板上，用手沿面团的外缘将面团整为圆形，将凸起的地方按平。

4. **充分加热比萨石**　在将烤箱调至最高温度的30分钟后，再调至炙烤模式，烤约5分钟，使比萨石充分受热。

5. **添加馅料**　将番茄酱刷到面饼上，边缘留2.5厘米不刷。用长柄勺的背部将酱料抹开、抹平。将马苏里拉奶酪、萨拉米和罗勒叶均匀地铺在面饼上。

6. **烘焙**　将烤箱调回烘焙模式。使比萨轻轻地滑到比萨石上。

烘焙5分钟，然后将烤箱调至炙烤模式，烤2分钟，盯着比萨。烘焙至奶酪完全熔化，边缘的萨拉米比较松脆，面饼变成金色，带有棕色和少量黑色的斑点。用夹子或者叉子将比萨石上的比萨移到盘子里。

7. **切块并食用**　将比萨放到一块大的木案板上，切块后食用即可，在餐桌上摆上盐和红辣椒碎。

黄金甜菜和"意大利熏火腿"味鸭胸比萨

我的一位朋友在查波食品店（波特兰一家卖肉和熟食的商店）工作，他能将麦格雷鸭胸按照意大利熏火腿的方式腌制。如果你没有"意大利熏火腿"味鸭胸的话，也可以将帕尔玛火腿、塞拉诺火腿、优质的盐腌弗吉尼亚火腿或田纳西火腿切成薄片来代替。这款比萨中混合了全脂马苏里拉奶酪中渗出的奶味、黄金甜菜的甜味、优质腌肉中盐的鲜味和少许菠萝伏洛干酪的味道。在这个配方中你可以尽情地使用黑胡椒粉和切碎的迷迭香。

制作一个直径 12 英寸的比萨

350 克面团（第十三章中任何一个配方制作的球形面团）

白面粉用作铺面

1 颗棒球大小的黄金甜菜

85 ~ 110 克新鲜的全脂马苏里拉奶酪，切成 1 厘米厚的片

30 克菠萝伏洛干酪，磨碎

1 小勺鲜迷迭香，切碎

黑胡椒粉用于提味

30 ~ 60 克腌鸭胸或者意大利熏火腿，切薄片

1. **预热比萨石** 将比萨石放在烤架上，放到烤箱的上层，这样比萨石就会在加热管下面约 20 厘米的位置。将烤箱预热至 316℃（如果你足够幸运，有一个可以调至这个温度的烤箱）。如果你的烤箱温度达不到，你可以简单地将烤箱调至最高温度进行预热。当烤箱预热完成之后，继续加热比萨石 30 分钟，总共需要约 45 分钟。

2. **准备甜菜** 在中号平底锅中放入甜菜，倒入约 4 厘米深的水，大火加热至沸腾。继续加热 30 分钟，或者煮至刀尖插入时，甜菜刚刚变软（刀子插入时仍然遇到一定的阻力）。

将甜菜沥干，静置 5 ~ 10 分钟，晾至可以用手处理。切掉甜菜的梗和茎，用无绒厨房毛巾擦干甜菜的表面。将甜菜切成同样厚的三片，再将每一片切成四份。

3. **准备好组装比萨的区域** 在工作台上留一块约 60 厘米见方的区域，在上面多撒一些面粉。将比萨板放到撒有面粉的区域旁边，也撒上面粉。将甜菜、奶酪、迷迭香和

胡椒粉准备好，放在手边。

4. **制作面饼**　从冰箱中取出球形面团，放到撒有面粉的工作台上，轻轻拍打使其底部蘸上面粉。将面团的中间部分向下按，留出约 2.5 厘米的边缘不按，然后将面团翻过来重复这一操作。

双手抓住面团的边缘将其提起来，这样面团就能竖直悬垂在半空中。让面团在重力的作用下向下伸展。沿着面团的边缘多转动几圈。

接下来，仍使面团竖直悬垂，双手握拳，紧贴面团边缘内侧。轻轻地重复拉伸、转动面团，仍使面团下部下坠，使面团的表面积不断扩大。时刻注意观察面团的厚度。虽然你希望它变薄，但你并不希望它撕裂吧？如果面团不小心被撕裂了，不要慌张——因为这是可以修补的。

将面团平铺在撒有面粉的比萨板上，用手沿面团的外缘将面团整为圆形，将凸起的地方按平。

5. **充分加热比萨石**　在将烤箱调至最高温度的 30 分钟后，再调至炙烤模式，烤约 5 分钟，使比萨石充分受热。

6. **添加馅料**　将奶酪均匀地铺到面饼上，然后在上面均匀地摆上甜菜块和迷迭香。撒上黑胡椒粉用于提味。

7. **烘焙**　将烤箱调回烘焙模式。使比萨轻轻地滑到比萨石上。

烘焙 5 分钟，然后将烤箱调至炙烤模式，烤 2 分钟，盯着比萨。烘焙至奶酪完全熔化，面饼变成金色，带有棕色和少量黑色的斑点。用夹子或者叉子将比萨石上的比萨移到盘子里。

8. **切块并食用**　将比萨放到一块大的木案板上，撒上鸭胸肉或意大利熏火腿。切块食用。

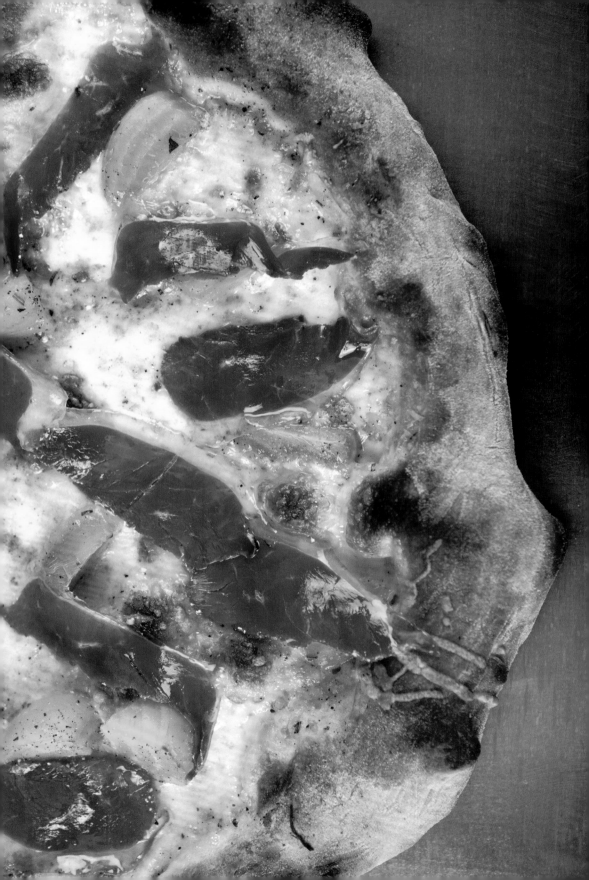

甜土豆和梨子比萨

抛开水果不说，这是一款味道极佳的比萨，搭配一瓶玫瑰酒或者起泡酒食用非常棒。它可以作为午后零食，也可以与烤鸡一起作为晚餐。

制作一个直径 12 英寸的比萨

350 克面团（第十三章中任何一个配方制作的球形面团）

白面粉用作铺面

1 个中等大小的甜土豆，将其切成约 4 毫米厚的片

2 大勺特级初榨橄榄油

细海盐，如盐之花（可选）

1 个中等个头的梨子，如考密斯梨或者波士克梨，去核并切成 6 毫米厚的片

30 克罗马绵羊奶酪，刨成片

2 大勺切碎的香菜

30 克鲜姜末

30 克油渍红辣椒，切碎（可选）

黑胡椒粉（可选）

1.**预热比萨石**　将比萨石放在烤架上，放到烤箱上层，这样比萨石就会在加热管下面约 20 厘米的位置。烤箱预热至 205℃。

2.**准备甜土豆**　在一个中号碗中放入甜土豆、1 大勺橄榄油和一小撮海盐。将土豆放入耐热煎锅中烤 12 ～ 15 分钟，或者直到所有的土豆块都熟透，但还是硬的。

3.**继续预热比萨石**　烤箱预热至 316℃（如果你足够幸运，有一个可以调至这个温度的烤箱）。如果你的烤箱温度达不到，你可以简单地将烤箱调至最高温度进行预热。当烤箱预热完成之后，继续加热比萨石 30 分钟，总共需要约 45 分钟。

4.**准备好组装比萨的区域**　在工作台上留一块约 60 厘米见方的区域，在上面多撒一些面粉。将比萨板放到撒有面粉的区域旁边，也撒上面粉。将甜土豆、梨子、奶酪、香菜、姜末、红辣椒、剩余的橄榄油和黑胡椒粉准备好，放在手边。

5.**制作面饼**　从冰箱中取出球形面团，放到撒有面粉的工作台上，轻轻拍打使其底部蘸上面粉。将面团的中间部分向下按，留出约 2.5 厘米的边缘不按，然后将面团翻过来重复这一操作。

双手抓住面团的边缘将其提起来，这样面团就能竖直悬垂在半空中。让面团在重力

的作用下向下伸展。沿着面团的边缘多转动几圈。

接下来，仍使面团竖直悬垂，双手握拳，紧贴面团边缘内侧。轻轻地重复拉伸、转动面团，仍使面团下部下坠，使面团的表面积不断扩大。时刻注意观察面团的厚度。虽然你希望它变薄，但你并不希望它撕裂吧？如果面团不小心被撕裂了，不要慌张——因为这是可以修补的。

将面团平铺在撒有面粉的比萨板上，用手沿面团的外缘将面团整为圆形，将凸起的地方按平。

6. **充分加热比萨石** 在将烤箱调至最高温度 30 分钟后，再调至炙烤模式，烤约 5 分钟，使比萨石充分受热。

7. **添加馅料** 将剩余的 1 大勺橄榄油淋到比萨顶部，然后将甜土豆和梨子均匀地摆在上面。再撒上奶酪、香菜、姜末和红辣椒，最后撒上黑胡椒粉用于提味。

8. **烘焙** 将烤箱调回烘焙模式。使比萨轻轻地滑到比萨石上。

烘焙 5 分钟，然后将烤箱调至炙烤模式，烤 2 分钟，盯着比萨。烘焙至奶酪完全熔化，面饼变成金色，并带有棕色和少量黑色的斑点。用夹子或者叉子将比萨石上的比萨移到大盘子里。

9. **切块并食用** 将比萨放到一块大的木案板上，切块食用即可。

铸铁煎锅肉比萨

这个配方是一种在家用烤箱中用铸铁煎锅烘焙比萨的好方法。不用比萨石，没有抛比萨面团的烦恼，不需要将比萨放到比萨板上，不必将比萨转移到经过预热的比萨石上。我是一个传统主义者，比萨上的肉我喜欢用优质的萨拉米或者香肠，因为它们能经受住这种比萨所需的 15 ~ 20 分钟的烘焙时间。

对平底锅比萨而言，馅料的选择可以更灵活，只要你喜欢，多重的馅料都可以。如果你想按照芝加哥式比萨的制作方法放上酱料、奶酪和馅料，只要时刻谨记馅料越多，所需的烘焙时间越长就可以了。

制作一个直径 9 英寸的铸铁煎锅肉比萨
第十三章中任何一个配方制作的球形面团（ 350 克可制作厚底比萨或者200 克可制作薄底比萨 ）
85 ~ 110 克光滑的红酱（ 第 236 页 ），或者厚实的红酱（ 第 236 页 ）
85 ~ 110 克新鲜的全脂马苏里拉奶酪，切成薄片，或者是马苏里拉奶酪和菠萝伏洛干酪的混合物
8 ~ 10 片意大利辣香肠、其他萨拉米或者新鲜的香肠

1. **预热烤箱** 将烤箱预热至 274℃，如果烤箱最高温度达不到 274℃的话，就调至最高。

2. **制作面饼** 在工作台上留出一块 45 ~ 60 厘米见方的区域，在上面多撒一些面粉。

从冰箱中取出球形面团，将其放到撒有面粉的工作台上，轻轻地拍打几下使其底部蘸上面粉。将面团翻过来，对另一面也进行同样的操作。你可以调整面团的大小。抓住面团的边缘，将面团拉伸成铸铁煎锅的大小，然后放到干燥的、直径为 9 英寸的锅中。

3. **添加馅料** 将酱抹到面团顶部，多少由个人喜好决定。将奶酪均匀地铺到酱料上，再在奶酪上均匀地铺上意大利辣香肠。

4. **烘焙** 烘焙 15 ~ 20 分钟，直到整个比萨都熟透。烘焙 10 分钟后检查一下比萨，在烘焙的最后几分钟里要盯着比萨。如果你希望面饼微微烤焦、馅料变成棕色，可以在烘焙的最后几分钟里将烤箱调至炙烤模式，但是要注意时刻观察。

5. **切块并食用** 将锅从烤箱中取出放到隔热台面上。小心地用夹子或者叉子将比萨转移到案板上。切块食用即可。

番茄、大蒜和红辣椒平底锅比萨

这款比萨是我最喜爱的一种餐前零食，它可以与沙拉搭配食用，也可以作为正餐。如果你想让它的颜色更丰富，可以放入黑橄榄，也可以在比萨从烤箱中取出后在顶部放几条凤尾鱼，这样你就可以将它称为西西里比萨。既然这款平底锅比萨中没有奶酪，而且你也不想烤焦大蒜，那么它的烘焙时间要比铸铁煎锅肉比萨（第253页）的短——只需要12～15分钟。按照我平时的习惯，我喜欢将这款比萨烘焙至表面呈金棕色。

制作一个直径9英寸的平底锅比萨

第十三章中任何一个配方制作的球形面团（350克可制作厚底比萨或者200克可制作薄底比萨）

8～10个烤番茄，掰开（第237页）

1头大蒜，切碎

1/2小勺干牛至

1/4小勺红辣椒碎

1大勺特级初榨橄榄油

细海盐，如盐之花（可选）

1. **预热烤箱** 将烤箱预热至274℃，如果烤箱最高温度达不到274℃的话，就调至最高。

2. **制作面饼** 在工作台上留出一块45～60厘米见方的区域，在上面多撒一些面粉。

从冰箱中取出球形面团，放到撒有面粉的工作台上，轻轻地拍打几下使其底部蘸上面粉。将面团翻过来，对另一面也进行同样的操作。你可以调整面团的大小。抓住面团的边缘，将面团拉伸成平底锅的大小，然后将其放到干燥的、直径为9英寸的平底锅中。

3. **添加馅料** 将烤番茄均匀地摆到面团顶部。将大蒜、干牛至和红辣椒碎均匀地撒在上面。将橄榄油淋到比萨顶部，然后将盐轻轻地撒到比萨上面，边缘也要撒。

4. **烘焙** 烘焙15～20分钟至面饼变为金棕色，直到整个比萨都熟透。烘焙10分钟后检查一下比萨，然后在烘焙的最后5分钟里要随时盯着比萨。

5. **切块并食用** 将锅从烤箱中取出放到隔热台面上。小心地用夹子或者叉子将比萨转移到案板上。切块食用即可。

更多比萨版本

由于铸铁煎锅比萨有锅的有力支撑，你在添加馅料的时候就可以更随意。下面我向大家介绍几种比萨，但这也可能限制你的想象力。你想做夏威夷比萨吗？对我来说，这也可以。比萨需要在温度为 274℃ 的烤箱中烘焙，如果你的烤箱温度无法达到 274℃ 的话，将烤箱温度调至最高也可以。

红葡萄、马苏里拉奶酪、萨拉米平底锅比萨

我制作这种比萨的灵感来自菱花酒庄的克里斯·卡利纳，他用切开的红葡萄和松子制作佛卡夏的馅料。经过烘焙的红葡萄非常漂亮，与奶酪搭配显得更甜，萨拉米也会在烘焙中变松脆。在面团上添加用奶酪、萨拉米、干牛至、黑胡椒和葡萄做的馅料，烘焙 15 ~ 20 分钟。

原料

85 克新鲜的马苏里拉奶酪，切成厚 6 毫米的薄片

10 ~ 12 片萨拉米

1/2 小勺干牛至

黑胡椒碎

20 ~ 24 颗无籽红葡萄，切成两半

圣女果和培根铸铁煎锅比萨

制作这款比萨的窍门就是先煎一下培根，在其未煎透的前提下煎出里面的脂肪，这样培根在烘焙时会变得脆而不焦。将培根煎至半脆，放到纸巾上吸去油脂，再放到面饼上。在面饼上均匀地撒上馅料，烘焙 15 ~ 20 分钟至比萨顶部的培根变脆。圣女果在高温下会裂开，汁液会流到面饼上。

原料

12 ~ 15 个整个的圣女果

4 ~ 6 片罗勒叶

4 片培根，每一片切成两三份，稍稍煎一下

黑胡椒碎

圣女果、大蒜和节瓜铸铁煎锅比萨

　　我喜欢这款比萨，并在它一出烤箱时就在上面撒一些新鲜研磨的帕尔玛奶酪。它有夏天的味道。先将节瓜、橄榄油和少许盐放到一个大碗里搅拌均匀，然后将节瓜、圣女果、罗勒叶和大蒜均匀地撒到面饼上。用黑胡椒碎和盐做调料，再放一些红辣椒碎。烘焙 15 ~ 20 分钟，直到面饼已熟透。

原料

1 个小的黄皮曲颈节瓜或者绿皮节瓜，切成 1 厘米见方的块

1 大勺特级初榨橄榄油

海盐

12 ~ 15 个圣女果

4 ~ 6 片罗勒叶

1 头大蒜，切碎

黑胡椒碎

红辣椒碎（可选）

30 克帕尔玛奶酪，磨碎

深盘四喜比萨

　　波特兰意大利餐馆巴斯塔的店主兼主厨马尔科·弗拉塔罗利建议我做这款经典的 4 层奶酪比萨。面团上依次放上 4 种奶酪，烘焙 15 ~ 20 分钟，直到奶酪冒泡，面饼变成金棕色。

原料

55 克马苏里拉奶酪，磨碎

30 克菠萝伏洛干酪，磨碎

30 克格吕耶尔干酪，磨碎

20 克帕尔玛奶酪，磨碎

热那亚佛卡夏

佛卡夏的老家就在意大利的利古里亚海岸。热那亚是利古里亚大区的首府,热那亚佛卡夏是当地饮食的代表。传统的佛卡夏是用非常软的面团做成的——先将面团铺到长方形或者圆形的烤盘里,烘焙师用手指将橄榄油揉到面团里的同时在面团上按出凹痕。佛卡夏烤成金色之后,有时我会在上面再放大量的橄榄油或少量的盐。

在制作基本款热那亚佛卡夏时,要使用本书中整夜发酵波兰酵头比萨面团的配方(第231页),用00号面粉或者中筋白面粉都可以。这种柔软的面团可以很轻松地铺进烤盘中。随后,用手指将橄榄油揉进面团里,撒上一些海盐,最后烘焙成金色就可以了。在这个配方中,我使用800克的面团,在12英寸×17英寸的烤盘中烘焙。当然,你也可以使用两个面团,每一个面团的重量都为250～350克,并且放到直径为9英寸的铸铁煎锅中烘焙。

制作一个12英寸×5英寸的佛卡夏

800克面团(第十三章中任何一个配方制作的球形面团),最好是整夜发酵波兰酵头比萨面团(第231页)

白面粉用作铺面

1/2量杯特级初榨橄榄油

海盐,用于提味,细粒或者小颗粒的,如盐之花

1. 面团回温　在你准备烘焙前约2小时,将面团从冰箱中取出,在室温下静置。虽然这一步骤属于可选步骤,但是我建议你这么做,因为这样能使面团更容易拉伸,并且能够保持手指按出的凹痕。事实上,这只是使面团有点儿过度醒发,它会在你将其按平之前包裹住气体。

2. 预热　烤箱预热至260℃。烤盘内抹薄薄的一层油,因为在烘焙中面团会松弛。

3. 整形并按出凹痕　将面团放到撒有面粉的工作台上,然后翻转面团使每一面都蘸上面粉。用手拍平面团,然后拉伸为烤盘一半的大小。

双手抓住面团的边缘将面团提起来,这样面团就能竖直悬垂在空中,让面团在重力作用下向下拉伸。双手沿着面团边缘转动一两圈。将面团放到烤盘中。在面团上倒上橄榄油,用双手将橄榄油均匀地抹在面团顶部再用手指向下按面团以形成凹痕,利用油的黏性使面团在烤盘中均匀铺开。如果面团很难拉伸,可以先将其静置10分钟,再进行拉伸。面团最后会变平,均匀地布满凹痕。这种感觉很棒。

佛卡夏馅料

正如我前面提到的一样，制作佛卡夏没有任何限制。你可以使用任何类型的面包面团，可以在制作馅料时尽情发挥想象力。下面将会为你提供几个馅料版本。然后，就请享受你自己的个性佛卡夏吧！

——新鲜番茄、橄榄油和迷迭香

——比萨酱料和切碎的大蒜

——奶酪（单用一种或者多种混合用）

——切片的核果、黄油和糖

——切碎的香草

4. 烘焙　烘焙 12 ~ 15 分钟，直到佛卡夏顶部变成金棕色，底部变硬实，且面饼已熟透。（你可以根据经验打开烤箱快速地看一眼，但如果你不确定的话，可以将其从烤箱中拿出来，用厨房剪剪一下边缘来看看面饼里面是否已熟。）

5. **切条并食用**　在顶部撒上盐。将佛卡夏切成条（在佛卡夏还热的时候进行这一操作最好）食用。

"致敬安德烈"佛卡夏

　　"致敬安德烈"是法国南部一种可口的糕点，通常是将焦糖洋葱、黑橄榄和凤尾鱼放在泡芙面团上制作而成的。我喜欢用相同的方法制作佛卡夏的馅料，再加入红辣椒，提色增味。在我们使用油渍的卡拉布里亚红辣椒制作肯的手工面包房中的香辣茄酱比萨时，我也会切一些辣椒用在这个配方中。它的辣度与橄榄和凤尾鱼可以自然地吻合，这种佛卡夏的味道令我想起地中海的夏日假期。这款佛卡夏可以与冰玫瑰酒和简单的绿色沙拉搭配食用。你可以提前一两天制作焦糖洋葱。

制作一个 12 英寸 ×5 英寸的佛卡夏
800 克面团（第十三章中任何一个配方制作的球形面团）
白面粉用作铺面
1 个中等大小的黄色洋葱，切成薄片
1/2 大勺黄油
12 ~ 14 颗盐渍黑橄榄
6 片凤尾鱼片，滤出油
30 克油渍红辣椒，沥干，切碎
2 小勺橄榄油
海盐，用于提味，细粒或者小颗粒的，如盐之花

　　1. **面团回温**　在你准备烘焙前约 2 小时，将面团从冰箱中取出，在室温下静置。虽然这一步骤属于可选步骤，但是我建议你这么做，因为这样能使面团更容易拉伸，并且能够保持手指按出的凹痕。事实上，这只是使面团有点儿过度醒发，它会在你将其按平之前包裹住气体。

　　2. **制作焦糖洋葱**　将洋葱、盐和黄油放入平底锅中，中高火加热，不停搅拌以防粘锅。5 分钟后调至小火。继续加热 20 分钟，不时搅拌，并且将粘在平底锅上的任何小黑点刮干净。一旦洋葱变软，全部变成棕色，停止加热，静置备用。

　　3. **预热**　烤箱预热至 260℃。在 12 英寸 ×17 英寸的有边烤盘上抹薄薄的一层油，因为在烘焙中面团会松弛。

　　4. **整形并按出凹痕**　将面团放到撒有面粉的工作台上，然后翻转面团使每一面都蘸上面粉。先用拳头再用手指按平面团，然后将其拉伸到理想厚度。（对于这款佛卡夏我推荐中等厚度。）

在面团拉伸之后、放入烤盘之前，在面团的一面刷上薄薄的一层橄榄油，将有油的一面朝下放入烤盘中。用手指在面团上做出凹痕。

5. **添加馅料**　将洋葱均匀地摆在面团上（注意不要过多），再在上面淋上橄榄油，铺上凤尾鱼片和红辣椒。

6. **烘焙**　烘焙 12 ~ 15 分钟，直到佛卡夏顶部变成金棕色，底部变硬实，且面饼已熟透。（你可以根据经验打开烤箱快速地看一眼，但如果你不确定的话，可以将其从烤箱中拿出来，用厨房剪剪一下边缘来看看面饼里面是否已熟。）

7. **切条并食用**　将佛卡夏切成条（在佛卡夏还热的时候进行这一操作最好）食用即可。

节瓜佛卡夏

这是我在夏季或者早秋时节最喜欢的佛卡夏之一，那时候菜园里有大量刚刚收获的节瓜。将节瓜切成薄片铺满面团，如果你站远一点儿眯起眼睛看的话，它们就像鱼鳞一样。不要使用赛达尔阿姨的果园中垒球棒大小的节瓜，要使用直径几厘米的节瓜。如果将面团在烤盘中制作成独特的椭圆形，那么这款佛卡夏看起来就会非常酷。

制作一个 12 英寸 ×5 英寸的佛卡夏

800 克面团（第十三章中任何一个配方制作的球形面团）

2 个节瓜，直径约 5 厘米，切成薄片

2 大勺特级初榨橄榄油

海盐，用于提味，细粒或者小颗粒的，如盐之花

黑胡椒粉

红辣椒碎（可选）

1. **面团回温**　在你准备烘焙前约 2 小时，将面团从冰箱中取出，在室温下静置。虽然这一步骤属于可选步骤，但是我建议你这么做，因为这样能使面团更容易拉伸，并且能够保持手指按出的凹痕。事实上，这只是使面团有点儿过度醒发，它会在你将其按平之前包裹住气体。

2. **预热烤箱并准备节瓜**　烤箱预热至 260℃。我不推荐在烤盘上抹油，但是如果你想抹的话，只抹在烤盘上放面团的部分，否则油就会冒烟。在节瓜上淋 1 大勺橄榄油，然后撒上盐，搅拌均匀。

3. **整形**　将面团放到撒有面粉的工作台上，然后翻转面团使每一面都蘸上面粉。用手将面团拍平，然后拉伸成你喜欢的形状。将面团放到长方形烤盘中，也可以用蘸过面粉的手再次拉伸面团，微微调整面团的形状。

4. **添加馅料**　将剩余的 1 大勺橄榄油淋到面饼的顶部，用手抹匀。再在面饼上面摆上节瓜，使它们相互叠在一起。用新鲜的黑胡椒粉调味。

5. **烘焙**　烘焙 12 ~ 15 分钟，直到佛卡夏顶部变成金棕色，底部变硬实，且面饼已熟透。（你可以根据经验打开烤箱快速地看一眼，但如果你不确定的话，可以将其从烤箱中拿出来，用厨房剪剪一下边缘来看看面饼里面是否已熟。）

6. **切条并食用**　将佛卡夏切成条（在佛卡夏还热的时候进行这一操作最好）食用。在餐桌上同时摆上红辣椒碎。

附赠配方：
俄勒冈榛子黄油曲奇

我有一次尝试在制作塔皮的面团中加入坚果粉，结果惊奇地发现这种面团还能制作出不错的曲奇。几年之后，当我开始"周一比萨夜"尝试时，我给每一桌都免费提供新鲜出炉的曲奇作为赠品——一点儿额外的东西。我们所用的就是这个配方。赠品是烘焙传统的一部分，所以这个配方看起来就像是这本书最合适的结尾。

我们现在还在制作这样的曲奇，一直使用从俄勒冈州威拉梅特谷的弗雷迪·居伊的榛子园中送来的榛子粉制作。榛子粉在超市或者网上也能买到。你可以用杏仁粉代替，也可以从带壳的坚果中剥出果仁并磨成粉。

约 75 块曲奇
500 克面粉
250 克榛子粉
125 克细砂糖
300 克冷藏的黄油，切成 1 厘米见方的小块
2 个鸡蛋
20 克凉水
1/2 量杯重奶油
白砂糖或者红糖，用作糖衣

用手持式搅拌机或者安装了桨形头的厨师机将面粉、榛子粉、糖和黄油搅拌至沙子状。加入鸡蛋和水，直到面团能粘在搅拌机或者桨形头上。

将面团放到撒有少量面粉的工作台上，分成相同大小的 4 份，然后做成直径约为 5 厘米的硬实的长条。用烘焙纸或者保鲜膜将面团包好，放入冰箱中冷藏至少 3 小时，直到变硬。（如果你不在几天之内将面团用于烘焙，可以将它放到自封袋里，冷冻最长可以保存 3 个月。在烘焙前，可以将面团放到冰箱冷藏室中一整夜以解冻。）

在烘焙曲奇的时候，将烤箱预热至 190℃。在烤盘中铺上烘焙纸。

将变凉的长条面团切成 6 毫米厚的片，摆在烤盘上，相邻两块之间留 1 厘米的空隙。在曲奇的顶部刷上奶油，并在每块上面撒一些糖。

烘焙 10 ~ 15 分钟至曲奇变成金棕色。

致　谢

在此，我要特别感谢我的朋友们：莫莉·温兹伯格、詹娜·默里、约翰·麦克里里、苏济·纳尔杜奇和格雷格·希金斯，他们测试了整本书中的配方——最初的配方、烦琐的版本、最终的版本以及你在本书中看到的但愿是不太麻烦的版本。我还要感谢我特殊的朋友，他们是我的向导，是我的编辑支持，是我的技术顾问：肖娜·麦基翁、凯特·默克、伊芙·康奈尔、泰里·沃兹沃思和约翰·保罗。

感谢艾伦·韦纳，他是一位极具天赋的摄影师，他所拍摄的面包看起来就像雕塑一样，他所拍摄的落日下的麦田看起来就像天堂的一角。

尤其要感谢十速出版社的编辑和主创人员。我的编辑艾米丽·廷伯莱克把我松散的想法组合成了条理分明的结构，而且还把我引领到了正确的道路上去。我的设计师凯蒂·布朗把语言和图片组成了一本书，看起来既干净又极富美感，每一次当我看到这本书的时候，我都会沉醉其中。对她们的出色工作，我永远表示感谢。

感谢天才的烘焙师们和老师们，他们帮助我学会了烘焙这一项技艺：雅内-马克·贝托米耶、迪迪埃·罗萨达、菲利普·勒科雷以及伊恩·达菲。

最重要的是，我要感谢那些导师们，他们激励我去烘焙最高水准的面包：旧金山烘焙学院和烘焙协会的米歇尔·苏亚斯、旧金山面包房的查德·罗伯逊和伊丽莎白·布鲁伊特。米歇尔是我一直都想寻找的人，他在很多方面都帮助了我，他很幽默，而且提出了许多好建议。但是，我在这里没有办法将所有的人一一罗列。如果我们能在合适的时候找到合适的老师，那真是太幸运了。对我而言，那就是在 1999 年我遇到了查德和利兹。他们跟我分享了他们在烘焙中的先进技术，对于他们无私慷慨的分享我表示感谢。我从查德那里学到了关于天然酵种和法式乡村面包烘焙的许多知识，还有许多令我赞同的对待食物的观点。他分享给我的知识为我打开了许多扇门。我要对他说千万声"谢谢"。

杰克·伦敦曾经写过："我宁愿做烈火余灰也不愿做粉尘飞扬！我宁愿生命的火花在壮丽的火焰中燃烧殆尽，也不愿在腐朽之物中窒息而死……人的价值在于生活，而不是活着。我决不要浪费光阴徒延生命，我只要利用好我的时间。"

　　我的好朋友吉米·布鲁克斯是威拉梅特谷的一位酿酒师。2004 年 10 月，他突然去世。吉米生活得非常充实。他并不把自己的有生之日看作理所应当，他也不允许朋友们只是空述梦想而不将其付诸实践。在吉米的追悼会上，他的家人和朋友们聚在一起，追述了他的一生，感慨他去世造成的损失。即便有几个人在说他的趣事，那些事也会引得我们潸然泪下。一个人朗诵了杰克·伦敦的这段话作为追悼会的结尾。它代表了燃烧在吉米体内的精神之光，这些话语时常在我耳边萦绕：我要充分利用自己的时间。